资助项目：河南省教育厅科技攻关项目（13A520232）、河南科技大学高级别项目培育基金（2011CX016）

虚拟制造技术及其应用研究

◎胡东方 / 著

中国水利水电出版社
www.waterpub.com.cn

·北京·

内 容 提 要

虚拟制造是应用计算机仿真技术、交互技术和虚拟现实技术的综合发展及应用,是企业以信息集成为基础的一种新的制造理念。此技术的广泛应用将从根本上改变现行的制造模式,并带动企业组织、管理及生产方式等多方面的变化。本书是基于作者多年来的研究与应用成果,系统地总结和介绍了虚拟制造技术,内容新颖,实用性强,通用性高,实例丰富。

本书可供装备制造业中的设计、制造、销售和售后服务人员、研究人员和高校师生阅读和参考。

图书在版编目(CIP)数据

虚拟制造技术及其应用研究 / 胡东方著. -- 北京 :中国水利水电出版社,2018.6(2022.9重印)

ISBN 978-7-5170-6536-4

Ⅰ. ①虚… Ⅱ. ①胡… Ⅲ. ①计算机辅助制造 Ⅳ. ①TP391.73

中国版本图书馆 CIP 数据核字(2018)第 128372 号

责任编辑:陈 洁　　　　封面设计:王 伟

书　　名	虚拟制造技术及其应用研究 XUNI ZHIZAO JISHU JI QI YINGYONG YANJIU
作　　者	胡东方　著
出版发行	中国水利水电出版社 (北京市海淀区玉渊潭南路 1 号 D 座 100038) 网址:www. waterpub. com. cn E-mail:mchannel@ 263. net(万水) 　　　sales@mwr.gov.cn 电话:(010)68545888(营销中心)、82562819(万水)
经　　售	全国各地新华书店和相关出版物销售网点
排　　版	北京万水电子信息有限公司
印　　刷	天津光之彩印刷有限公司
规　　格	170mm×240mm　16 开本　17 印张　248 千字
版　　次	2018 年 8 月第 1 版　2022年9月第2次印刷
印　　数	2001-3001册
定　　价	72.00 元

前　言

虚拟制造是当前社会一个正处于发展中的新概念，虚拟制造技术是 20 世纪 80 年代后期就开始提出并得到迅速发展的一个新思想。最初的虚拟技术是美国航空航天局与军事部门为了仿真模拟训练而开发的，目前虚拟制造技术已经被运用到教育、医疗卫生、工程制造、航空航天、军事仿真、科学研究等各个领域中。

通俗地讲，虚拟制造（Virtual Manufacturing，VM）就是实际制造的过程在计算机上的本质实现，采用计算机模拟仿真与虚拟现实的技术，在高性能计算机及高速网络的支持下群组协同工作，通过三维模型与动画来实现产品的设计、工艺规划、加工制造、性能分析、质量检验，以及企业各级发展实施过程的管理与控制等产品制造的本质过程。

当前科学技术的发展逐渐提高了人与信息之间的接口及人对信息处理的能力。人们已经不满足于仅仅是打印输出、屏幕显示这样观察接收信息处理结果，而是希望能通过视觉、听觉、触觉，以及形体、手势或口令参与到整个环境过程中去，获得身临其境的体验。

这种信息处理方法建立在一个多维化的信息空间中，而不再是建立在一个单层次的数字化的信息空间上。这是一个定性和定量的结合、感性和理性认识相结合的综合大环境。虚拟现实技术将是支撑这个多维信息空间的关键技术。

虚拟制造技术对于帮助人们解决实际问题或提供传递信息、思想和情感是一种行之有效的方法。随着计算机、人工智能和交互技术等相关科技的快速发展，当前虚拟制造技术取得了巨大的进步，相对应的实际应用也得到了长足发展和提高。

进入 20 世纪 90 年代以后，各种生产技术更新的速度明显加快，新兴知识转化成生产力推动发展的时间间隔越来越短。如何利用新技术所提供的机遇，抓住用户需求，以最短的时间开发出用户能够接受的产品，已成为市场竞争的焦点。随着世界市场由过去传统稳定逐步演变成动态多变的进程，竞争开始由局部演变到全球范围；同行业之间、跨行业之间的各种渗透，相互之间的竞争开始日益激烈。因此，TQCS 成为现代制造企业适应市场需求、提高竞争力的关键因素，即制造业的经营战略发生了巨大变化：以最快的新品上市速度（Time to market）、最好的质量（Quality）、最低的成本（Cost）、最优的服务（Service）来满足不同顾客的需求。

虚拟制造是应用计算机仿真技术、交互技术和虚拟现实技术的综合发展及应用，是企业以信息集成为基础的一种新的制造理念。此技术的广泛应用将从根本上改变现行的制造模式，并带动企业组织、管理及生产方式等多方面的变化。虚拟制造技术的持续发展可以说能够决定企业的未来，决定制造业在竞争中能否立于不败之地。

作　者
2018 年 1 月

目　录

前　言

第一章　绪　论 ··· 1

　　第一节　虚拟制造概述 ··· 1

　　第二节　虚拟制造技术概述 ··· 11

　　第三节　虚拟制造发展趋势 ··· 23

第二章　虚拟制造系统 ·· 26

　　第一节　虚拟制造系统的目标需求 ································ 26

　　第二节　虚拟制造系统的体系结构 ································ 30

　　第三节　虚拟制造系统的原理模式 ································ 38

　　第四节　虚拟制造系统建模方法技术 ····························· 42

　　第五节　虚拟制造系统构造知识及设备 ·························· 53

第三章　虚拟现实技术概述及建模 ····································· 56

　　第一节　虚拟现实技术概述 ··· 56

　　第二节　虚拟现实建模及系统开发 ································ 60

　　第三节　虚拟现实技术与其他技术的交叉 ······················ 65

第四章　虚拟现实原理及应用 ··· 71

　　第一节　虚拟现实的基本原理 ······································ 71

　　第二节　虚拟现实系统构建及技术基础 ·························· 77

　　第三节　虚拟现实的计算技术 ······································ 81

　　第四节　虚拟现实技术的应用 ······································ 92

第五章　虚拟产品的开发与管理 ·· 103

　　第一节　虚拟产品的开发概念 ······································ 103

　　第二节　虚拟产品的开发建模 ······································ 108

第三节　虚拟产品的技术基础 …………………………… 120

第四节　虚拟产品的管理应用 …………………………… 127

第六章　虚拟产品的设计与加工 …………………………… 135

第一节　虚拟产品的设计 …………………………… 135

第二节　虚拟产品的加工 …………………………… 151

第三节　虚拟车间工厂 …………………………… 157

第七章　虚拟样机与虚拟集成 …………………………… 177

第一节　虚拟样机技术概述 …………………………… 177

第二节　虚拟集成技术的概念 …………………………… 184

第三节　虚拟集成技术的趋势 …………………………… 188

第四节　虚拟集成的基础技术 …………………………… 194

第八章　虚拟测试与装配 …………………………… 197

第一节　虚拟测试的概念 …………………………… 197

第二节　虚拟测试的设备及环境 …………………………… 203

第三节　虚拟装配建模及规划 …………………………… 215

第九章　虚拟制造系统及虚拟产品开发实例 …………………………… 227

第一节　虚拟制造系统应用实例 …………………………… 227

第二节　虚拟产品开发应用实例 …………………………… 252

结　语 …………………………… 262

参考文献 …………………………… 264

第一章 绪 论

基于科学的发展和市场竞争，20 世纪 90 年代初虚拟制造技术被提出。虚拟制造技术是制造与信息科学结合的产物。本章对其产生的时代背景、概念及分类、国内外研究现状及其支撑技术、现存问题及发展趋势等基本问题进行介绍。论述和总结虚拟制造的一些基本问题，为全书论述做铺垫。

第一节 虚拟制造概述

一、虚拟制造产生的时代背景

20 世纪 90 年代，在经济全球化背景下，市场竞争环境日益激烈，虚拟制造技术（VMT）开始快速发展。虚拟制造技术的基础为产品的设计、生产、装配、检验等的统一建模，主要包括仿真技术和虚拟现实技术。21 世纪世界各国高度重视资源和环境的充分利用，故而对制造业的生产方式提出更高的要求，制造业面临新机遇和新挑战。

新世纪的市场经济呈现出买方市场的特征。新产品的大量出现和消费节奏加快导致市场对产品质量的要求日益提高。在物质逐渐丰富的今天，人们开始追求个性化的产品。市场的多变性促进着制造业的不断改革。现代制造业的企业生产战略变迁如图 1-1 所示。

1994 年在虚拟制造用户专题讨论会上，人们根据制造过程的侧重点不同将虚拟制造分为 3 类，提出了"以生产为中心的虚拟制造"（在生产计划模型中运用仿真运算，根据企业现有资源评价多种生产计划，决定合理的生产组织方式）、"以产品为中心的虚拟制造"（在产品设计时在计算机中生成制造过程，分析多种制造方案）和"以控制为中心的虚拟制造"（仿真设备控制模型，虚拟实际生产过程，优化制造过程）的"三个中心"的分类方法。这三类之间的关系见图1-2。

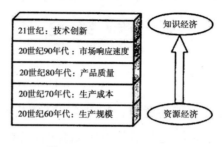

图 1-1

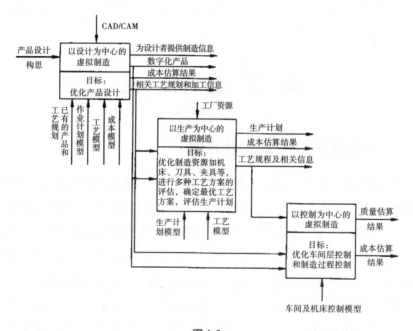

图 1-2

21 世纪是知识经济的时代，企业发展离不开不断创新。制造业创新包括制造时间、产品质量、市场价格、营销策略、企业管理等方面。当今世界经济呈现全球化特征，包括技术、资金等各生产要素的全球范围配置的优化，如专业化的生产分工，将生产要素中的各要素拆分开，在全球范围内进行最优配置，以降低成本，跨国公司的大量成立就是其具体体现。全球化的时代背景对制造业提出了新要求。

　　而信息时代的来临从本质上改变了制造业的生产模式的生产思路，可以说信息科学推动了制造业的变革。各国均不断由传统经济向知识经济进行转变。现代制造业离不开信息技术，信息技术是现代制造业的技术基础。经过计算机辅助技术到计算机集成技术的不断积累，20世纪90年代，虚拟现实技术得以迅猛发展。

二、虚拟制造的概念及分类

（一）虚拟制造的概念

　　虚拟制造又称拟实制造、像素制造或屏幕制造。广义上虚拟制造是指以计算机模型和仿真为基础实现产品的设计和生产的技术。美国1993年首先提出"虚拟制造"概念，但目前对其具体定义还没有达成共识。普遍认为"虚拟"指通过数字化手段对物质世界的动态模拟，"制造"是泛指围绕产品全生命周期的整个活动过程。

　　虚拟制造对制造过程中各个环节进行统一建模，对实际制造过程进行动态模拟。虚拟现实技术为虚拟制造技术提供了新内容。有人认为，虚拟制造（Virtual Manufacturing）中的V是VR（Virtual Reality），M为小制造，CAE与CAD的集成。或者认为，VM是信息集成的扩展和深化，强调接口规范和信息集成标准的制定。目前普遍认为"虚拟制造"中的"制造"是"大制造"（Big Manufacturing），即一切与产品相关的活动和过程，这是相对于传统狭义制造（"小制造"）而言的；"虚拟"（Virtual）含义则是"在计算机上实现制造的本质内容"。

　　虚拟制造采用计算机仿真技术、虚拟现实技术等模拟产品的整个制造过程并做出综合评价，以增强决策与控制正确性。虚拟制造提供的建模与仿真环境涉及生产过程的方方面面，包含交互式的设计过程、生产过程、工艺规划、调度、装配规划、从生产线到整个企业的后勤服务、财务管理等业务的可视化。虚拟制造系统可对产品全生命周期进行仿真，包括设计、制造以及使用的全阶段仿真分析与评价。虚拟制造系统也可以对企业行为进行仿真，包括生产的组织的全过程。

　　目前被广泛使用的定义有Hitchcock在1994年提出的描述，认为虚拟制造是一个集成的、综合的制造环境，通过运行该制造环境可以改善制造企业中各个层次的决策和控制。1994 年美国空军汇集相关领域专家，包括科研人员、管理人员、生产制造者等，以及软件商开展了有关虚拟制造的讨论，会议上提出了"虚拟制造"的初步定义，即一个用于增强各级决策与控制的一体化的、综合性的制造环境。"综合"即不仅包括实际生产要素及生产过程，还包括虚拟生产要素及过程。"环境"指制造的仿真环境，它不仅提供工具集（分析工具、仿真工具、控制工具等，以及产品、资源等各种模型），还包括"各层次"虚拟环境，例如从产品概念设计到产品退出使用，从车间级到企业级，从物流到信息流。美国佛罗里达大学 Glori J. Wiens 等人对虚拟制造的定义为：在计算机上执行的制造全过程，在实际制造之前用于对产品的功能及可制造性的潜在问题进行预测。

大阪大学的 Onosato 教授认为，虚拟制造是一种核心概念，它综合了计算机化制造活动，采用模型和仿真来代替实际制造中的对象及其操作。提出虚拟制造概念的目的是为了把各种虚拟制造集成起来，并实现在信息上与实际制造系统等价的计算机模型。他提出虚拟制造与实际制造系统具有信息上的兼容性和结构。Onosato 和 Iwata 的定义虚拟制造是用模型和仿真代替真实世界中的实体及其操作的计算机化的制造活动的综合概念，把真实制造系统分为真实物理系统（例如机床、材料、产品等）和真实信息系统（如控制、规划、评价等）。真实物理系统和真实信息系统互相关联。Iwata 提出：如果一个计算机系统在模拟真实信息系统的功能时，真实物理系统中的机器无法区分控制命令是来自真实信息系统还是来自计算机，那么这个计算机系统称为虚拟信息系统 VIS。它包括以下 4 种制造系统。

（1）RPS + RIS = 真实制造系统。

（2）RPS + VIS = 自动化制造系统。

（3）VPS + RIS = 虚拟制造系统（物理的）。

（4）VPS + VIS = 虚拟制造系统（虚拟的）。

其中，RPS（Real Physical System）表示物理实体；RIS（Real Information System）表示信息系统；VIS（Visual Identity System）表示视

觉识别系统；VPS（Virtual Private Server）表示虚拟专用服务器。

虚拟制造系统可总结（3）、（4）类型。特征是：物理系统是一种虚拟模型。不消耗物质和能量，只产生信息。

佛罗里达国际大学 Chetan Sgukla 等人认为：虚拟制造是利用虚拟现实技术将各种与制造相关的技术集成起来的研究领域，其范围包括从各种设计子功能，如绘图、有限元分析以及原型生成的集成到对企业内的各种功能（如计划、加工、控制）的集成。

"虚拟制造"通过计算机虚拟模型来模拟和预估产品可能存在的问题，提高人们的预测和决策水平，"虚拟制造"的全面建模可以辅助消除设计中的不合理部分。虚拟制造与实际制造的关系可总结为图 1-3。

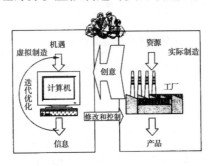

图 1-3

虚拟制造采用计算机仿真与虚拟现实技术在计算机上群组协同工作，它是现实制造过程在计算机上的映射，这个映射非线性迭代过程，其定义域是实际制造过程，值域是虚拟制造过程，直接结果是全数字化产品，映射的介质是网络计算机环境。虚拟制造是多种计算机辅助技术面向产品全生命周期的集成化综合应用，是一种系统化地对产品、资源、制造的全面建模，而不是各项技术的简单组合，具有集成性、虚拟性、分布性、依赖性等特点。虚拟制造系统可使分布在不同地点的不同专业人员在同一个产品模型上协同工作。与传统的制造方法相比，虚拟制造缩短了产品研制周期，提高产品设计制造的成功率，快速占领市场；降低了产品研制成本，并且便于重组和再利用成功产品的生产过程模型，为新产品的开发和制造验证提供仿真平台。

（二）虚拟制造的分类

实际制造系统（RMS）是控制流协调下的信息流和物质流从投入到产出的有效实现，制造过程的实质是对物质流赋予信息流的过程。RMS = RPS + RIS + RCS，RCS 包括传感器和控制器。

虚拟制造系统（VMS）是实际制造系统在计算机上的映射，包括 VPS（Virtual Physical System）和 VIS（Virtual Information System）。可以简单标识为：

$$VMS = VPS + RIS + RCS$$
$$VMS = VPS + VIS + RCS$$
$$VMS = RPS + VIS + RCS$$
$$VMS = VPS + RIS + VCS$$
$$VMS = RPS + RIS + VCS$$
$$VMS = RPS + VIS + VCS$$
$$VMS = VPS + VIS + VCS$$

虚拟制造系统包含对各种模型的仿真任务，分析各任务的独立性，Iwata 提出一种虚拟制造系统建模与仿真结构，见图1-4。

虚拟制造系统是各种仿真的有效集成和真实的制造环境的再现。虚拟制造的最终目标是反作用于实际制造，是实际制造的抽象。虚拟制造系统建模与仿真结构中，设备模型设置是依据真实参数。为了在仿真过程中发挥服务功能，在虚拟制造系统建模与仿真结构中准备充足的服务模块必不可少。为产品制造准备产品数据并用操作定义用来确定资源规划及控制机器的程序和命令。

虚拟制造还可以分为面向设计的虚拟制造，即"以设计为中心的虚拟制造"（Design-Centered VM）；面向生产的虚拟制造，即"以生产为中心的虚拟制造"（Production-Centered VM）；面向控制的虚拟制造，即"以控制为中心的虚拟制造"（Control-Centered VM）。这种分类方式在前文已有叙述，此处不赘述。

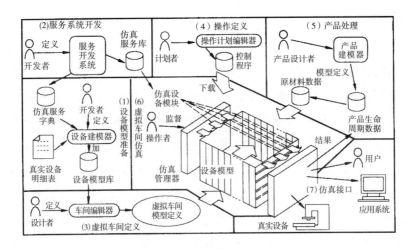

图 1-4

三、虚拟制造的国内外研究现状

(一) 虚拟制造的国内研究现状

虚拟制造现在已成为各国研究热点之一,对制造业具有革命性的影响也已初现端倪。我国虚拟制造的相关研究时间较短。我国制造业协作程度低、高端人才匮乏,推广虚拟制造技术的制约因素较多。国内虚拟制造领域的研究属于起步阶段。由于它的潜在前景,已经引起了政府有关部门和科学界的重视。目前主要集中在虚拟制造技术的理论研究和实施技术准备。我国制造业基本条件较弱,虚拟制造技术在国内的应用尚属初期阶段。使用的虚拟制造软件主要依靠进口。

国内的研究主要集中在产品虚拟设计技术,包括虚拟产品开发、虚拟测试等;虚拟加工技术,包括加工过程仿真、模具制造仿真等;虚拟制造基础研究,包括产品建模、离散事件仿真、人工智能、虚拟现实等;虚拟制造系统,包括虚拟制造技术的体系结构、开发策略以及技术支持等。

我国高等院校和企业关注虚拟制造。近几年我国虚拟制造发展迅速,科研院校也加入到虚拟制造的研究队伍中来。国家自然科学基金委员会、国家 863/CIMS 主题近年来不断加强对虚拟制造及其相关技术的支持力度,1998 年 9 月,在机械工业部门的主持下,在北京召开了国内首次"虚拟制造技术研讨会"。高校相继开设虚拟制造技术相关的课程。

　　我国目前虚拟制造技术受到重视,发展速度快,国家自然科学基金有专门的研究课题,是国家重点研究方向之一。武汉理工大学已开发出"集装箱装卸桥计算机辅助设计和仿真系统";北京机械科学研究院初步实现了立体停车库的虚拟现实下的参数化设计,可以直观地进行车库的布局、设计、分析和运动模拟;浙江大学、西安交通大学、华中科技大学、南京理工大学、四川大学、广州工业大学等也都在虚拟制造领域开展了多方面的研究和应用;清华大学的虚拟机床、虚拟汽车训练系统等,清华大学从2000年开始实施的"轿车数字化工程",采用虚拟制造技术,开展轿车研发与生产的关键技术研究与攻关;同济大学与香港理工大学联合机械科学院的分散网络制造、异地设计与制造等技术;上海交通大学在国家自然科学基金重点项目的支持下,开展了虚拟制造系统的体系结构及其关键技术研究;浙江大学、上海理工大学等单位均在虚拟制造技术方面取得了成果。西北工业大学开展了虚拟生产线、虚拟装配、虚拟制造中的可视化产品信息共享等技术的研究。我国一些高校还对虚拟制造理论进行开发,形成以高等院校为中心的研究态势,我国在虚拟现实技术等单元技术方面的研究还处于初期阶段,目前还没有形成产业化,企业介入的较少。2006年建立了上海市虚拟制造技术服务平台,完成重大科研课题50余项,包括世博专项、大飞机虚拟设计、城市电网规划等。

（二）虚拟制造的国外研究现状

　　20世纪80年代虚拟制造概念提出,90年代得到重视和发展。虚拟制造以CAD、CAE、CAM等单元技术和DFA、DFM等集成技术、网络技术等为基础,目前已深入学术机构、企业和虚拟制造支撑技术包括虚拟现实技术、仿真技术等。单元技术的相对独立性对虚拟制造中数据共享、模型建立提出更高的要求。目前,集成技术是普遍认同的发展方向,全球的虚拟制造技术研发以欧洲、美国、日本为核心,国外在虚拟原型系统开发、虚拟环境构筑、虚拟装配等方面取得了一系列的成果。

　　国外的大学及研究机构,例如美国马萨诸塞州技术研究所1989年的"虚拟制造"报告,提出了虚拟制造产品概念设计。美国国家标准及技术局(National Institute of Standards and Technology,NIST)中具有专门制造工程实验室制造系统集成部,建立国家先进制造测试平台(National Advanced Manufacturing Testbed,NAMT)的虚拟制造环境,主要研究工程设计测试床的创建及制造工程工具软件包,提供了开放式虚拟现实测试床(OVRT)和国家先进制造测试床(NAMT)。1983 年美国国家标准局提出了"虚拟制造单元"的报告;1993 年爱荷华大学提出了"制造技术的虚拟环境"报告等,表明当时美国对虚拟制造的方方面面进行了系统的研发。美国华盛顿州立大学的面向设计与制造的虚拟环境 VEDAM 系统,虚拟现实与计算机集成制造实验室与 NIST 合作,将 CAD 系统与沉浸式虚拟现实技术相结合,开发出虚拟装配和设计平台 VADE(Virtual Assembly Design Environment)。美国华盛顿大学在 Pro/Engineer 等 CAD/CAM 系统上开发了面向设计和制造的虚拟环境 VEDAM,建立起包含整个车间机床模型的虚拟环境。马里兰大学进行了虚拟制造数据库的研究与开发。美国威奇托州立大学利用虚拟环境开发工具对产品装配过程中的可达性问题和人机工程评价进行了研究。芝加哥伊利诺斯大学运用虚拟现实技术研究虚拟齿轮工厂的构建技术,并用以分析和仿真复杂齿轮产品的设计和制造过程。美国 Michigan 大学虚拟现实实验室主要研究如何从 CAD/CAM 数据库中快速构筑虚拟原型以及原型的行为功能建模。

在日本,目前已形成了以大阪大学为中心的研究开发力量,进行了大量的虚拟制造系统开发和体系结构的研究工作,并开发了虚拟工厂的构造环境 Virtual Works。欧洲如英国曼彻斯特大学、巴斯大学等均将虚拟制造作为新兴的一个重要研究方向。英国的巴斯大学用 OpenInventor 2.0 软件工具开发出了基于自己的 Svlis 建模软件的虚拟制造系统,为用户提供具有机床、成套刀具、机器人等虚拟设备的三维虚拟车间环境。

虚拟制造技术在众多领域中起到了重要的影响作用。工业上也得到有效应用。国外许多知名企业已在积极开展虚拟制造技术的应用研究。在航空、航天、汽车等领域,虚拟制造技术的应用缩短了产品开发周期、降低成本，产生了巨大的经济效益。

美国波音飞机公司采用虚拟样机技术在计算机上建立了波音 777 飞机的最终模型，实现了整机设计、整机装配、部件测试等虚拟开发活动，使产品开发周期从八年缩短至五年。欧洲空中客车公司采用虚拟制造及仿真技术，将"空客"飞机的试制周期缩短了一年半。福特公司将虚拟制造环境应用于某新型轿车的研制，在样车投入生产之前，发现了其定位系统的多处设计缺陷，通过及时改进设计使该新车的研制开发周期缩短了 1/3。公司已经计划应用虚拟环境技术于汽车设计与工程，该公司的先进车辆技术组应用虚拟制造技术于装配仿真和虚拟成形，以提高空气动力学、人机工程学和表面建模的效果。1997 年，美国通用汽车公司利用 UGII 软件，建成了该公司第一个全数字化的机车样机模型，并围绕这一数字模型进行产品设计、分析、制造、夹模具工装设计和可维修性设计，取得了显著效果。

德国大众、意大利菲亚特等多家汽车公司，美国洛克希德宇航局都使用 ROBCAD 进行生产线的布局设计、工厂仿真和离线编程。加拿大国家科学研究院集成制造技术研究所，正在与美国通用汽车公司国防产品部合作研制轻型装甲战车，其中大量采用了基于 VR 的虚拟设计技术，在洞穴式 VR 环境中进行逼真的装甲战车设计、仿真和评价。德国宝马汽车公司为车门的装配操作设计了一个虚拟装配系统，该系统能够识别语音输入，完成相应的操作，为车门装配设计的虚拟装配系统能识别语音输入完成相应操作，当发生干涉碰撞时，能够发出声音报警。西科斯基公司在设计制造 RAH-66 直升机时，采用数字样机技术和多种仿真技术在计算机网络环境下进行设计和验证，节约经费总计达 6.73 亿美元。食品生产商 Nabisco 计划将组装生产线进行拟实化，以便培训人员去维护和维修生产线。

1998 年，日本日产汽车公司与美国 SDRC 公司签订了总额超过 1 亿美元的特大合同，购买软件、服务，主要用于面向 21 世纪的新车型数字样车的开发。该公司计划将数字样机技术全面应用于概念设计、外观设计、覆盖件设计、整车仿真分析等汽车生产的主要过程。在日本，以大阪大学为中心的研究开发力量主要进行虚拟制造系统的建模和仿真技术研究，并开发出了虚拟工厂的构造环境 Virtual Works。国外的软件开发基础雄厚，以独立功能为主的虚拟制造技术软件不断出现和更新，包括模型可视化、加工过程仿真、虚拟装配和拆卸仿真、三维工程动画等。

第二节 虚拟制造技术概述

一、虚拟制造支撑技术

虚拟制造是一种新的制造技术，它以信息技术、仿真技术和虚拟现实技术为支持。相关技术包括输入、输出设备及计算机硬件技术、集成这些硬件系统的电子化技术和软件技术，如图1-5所示。

当今制造业正朝着精密化、自动化、柔性化、集成化、信息化和智能化的方向发展，随着这个趋势，诞生了许多先进制造技术和先进制造模式。计算机仿真优化技术、三维建模技术和网络技术是虚拟制造的核心与关键技术。虚拟制造技术涉及面很广，诸如环境构成技术、过程特征抽取、元模型、集成基础结构的体系结构、制造特征数据集成、多学科交驻功能、决策支持工具、接口技术、虚拟现实技术、建模与仿真技术等。

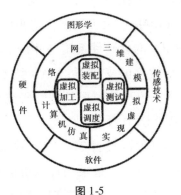

图1-5

（一）虚拟制造相关技术概述

硬件包括输入、输出设备。如基于阴极射线管（CRT）或液晶显示（LCD）的头盔式显示器，计算机显示器，投影系统，立体眼镜，具有柔性光纤的数据手套、数据衣，听觉与语音系统等；高速数据计算系统与高质量的图像处理系统；与输入、输出设备相关的信息存取系统及计算机接口；网络结构及不同节点的硬件系统及通信设施。虚拟制造相关的技术可分为核心技术级、使能技术级、突破技术级、一般技术级四个级别。

软件包括：基础结构与体系结构集成技术，即硬件的基础结构与软件系统结构的集成。信息描述技术，即有关方法、语义、语法的信息表达。仿真技术、环境构建技术，即开发虚拟制造工作环境，使可视化和虚拟制造的其他功能便于实现。制造的特征化技术，即提取、测量与分析影响虚拟制造过程中物料处理（加工）的特征。可视化技术，即以含义丰富、便于理解和直观的方式向用户提供信息。虚拟制造系统中，人与系统的关系是虚拟制造系统中人与人、人与机器相互关系的测度与优化。

（二）CAX/DFX 技术

1. CAX 技术

主要是指一系列的计算机辅助技术，包括计算机辅助工程、辅助制造等，集成 CAD 和 CAM 在计算机内实现信息处理并形成信息流。计算机集成制造系统（CIMS）大力发展，这些技术在很多专业领域都开发出相应的软件，CAX 的软硬件系统是并行工程实施中非常重要的工具。在计算机硬件与软件的支撑下，CAD 技术通过对产品的描述、造型、系统分析、优化、仿真和图形处理的研究和应用辅助技术师完成产品的全部设计过程。CAD 技术广泛应用于二、三维的几何形体建模、绘图，各种机械零部件的设计等。CAD 技术是 CAX 技术中最为基础和普遍的技术之一，因为它是采用计算机进行各种产品设计的第一步。CAD 的主要技术内容有：曲面造型，即处理过渡曲面与非矩形域曲面的拼合能力，提供用自由曲面构造产品几何模型所需的曲面造型技术；物性计算，即为对产品进行工程分析和数值计算提供数据；工程绘图，包含图面布置、绘制视图等；实体造型；特征造型；三维几何模型的显示处理等。CAD 中可提高设计的自动化水平，为产品设计的全过程提供支持。

CAM 技术是指计算机在产品制造方面有关应用的统称。狭义 CAM 常指工艺准备或在它的某些活动中应用计算机来进行。广义 CAM 指利用计算机完成从毛坯到产品制造过程中的直接和间接的活动。

CAE 技术主要指一系列对产品设计进行各种模拟、仿真、分析和优化的技术。CAE 仿真"行为"分为三类：隐式、显式有限元分析和 CFD。CFD 在一个特定环境下研究流体特性，它是在 CAE 范围内增长最快的部分之一。CAE 主要技术内容有优化设计、有限元分析、运动学和动力学分析及流体力学分析等。

常用的有语言编程系统即自动编程系统，也称为批处理式编程、交互图形编程系统和计算机数控（CNC）手动数据输入编程系统。在语言编程系统中，主信息处理和后置处理的结果可通过屏幕显示图形模拟，以检查程序的正确性。

CAPP 是根据产品设计所给出的信息，进行产品的加工方法和制造过程的设计，生成用于指导制造过程执行的工艺文件。CAPP 系统按工艺上生成方法可以分为检索式、派生式、创成式和综合式（几种方式的结合）。其基本结构都离不开零件信息的输入、工艺决策、工艺数据 + 知识库、人机界面与工艺文件输出编辑等五大部分。

工业机器人与数控机床有很多相似的属性，驱动机床操作的 NC 技术同样可用于激发机器人手臂的运动。操作者与机器人之间的交流对话一般由一个计算机终端来完成。当产品或加工过程有所变化时，还可调整或重新编辑命令。

2. DFX 技术

DFX 强调产品设计中制造、装配、维修等各个方面，形成了以下技术：一是可装配性设计（Design for Assembly，DFA）。DFA 能自动检测各个零部件之间是否可装配和易于装配。二是可制造性设计（Design for Manufacturing，DFM）。该技术能自动对产品设计进行可制造性检验，使设计人员能够不断调整和修改设计。三是可检测性设计

（Design for Testing，DFT）。DFT 采用一系列的方法和技术来评价该设计能否在现有的设备条件下进行检测，以及可操作性设计和可维修性设计。

（三）建模

虚拟制造系统是现实制造系统在虚拟环境下的映射，是 RMS 的模型化、形式化和计算机化的抽象描述和表示。虚拟制造系统应当建立一个健壮的信息体系结构，包括产品模型、生产系统模型等 VM 环境下的信息模型。

虚拟制造系统下产品模型能通过映射、抽象等方法提取产品实施中各活动所需的模型。产品模型是制造过程中各类实体对象模型的集合。目前产品模型描述的信息有产品结构明细表、产品形状特征等静态信息。

生产系统模型可进行静态描述，即系统生产能力和生产特性的描述；动态描述，即系统动态行为和状态的描述。静态描述特定制造系统下特定产品设计方案的可行性；有助于对工艺制造能力进行比较。动态描述能在已知系统状态和需求特性的基础上预测产品生产的全过程。

工艺模型将工艺参数与影响制造功能的产品设计属性联系起来。其必须具备计算机工艺仿真、制造规划、制造数据表、统计模型以及物理和数学模型。

（四）仿真

仿真就是应用计算机对复杂的现实系统经过抽象和简化形成系统模型，然后在分析的基础上运行此模型，从而得到系统一系列的统计性能。在模型上进行试验这一过程称为系统仿真。

仿真可以利用计算机的快速运算能力，用很短时间模拟实际生产中需要很长时间的生产周期。根据模型的种类不同，系统仿真可以分成物理仿真、模型仿真、物理—数学仿真（半实物仿真）、数学仿真（计算机仿真）和基于图形工作站的三维可视交互仿真等从实物到计算机仿真的五个阶段。计算机还可以重复仿真，优化实施方案。

计算机仿真技术是以数学理论、系统技术及其应用领域有关的专业技术为基础，以计算机和各种物理效应设备为工具，利用系统模型对实际的或设想的系统进行试验研究的一门综合性技术。虚拟制造系统中的产品开发涉及产品建模仿真、设计过程规划仿真、设计思维过程和设计交互行为仿真等，以便对设计结果进行评价，实现设计过程早期反馈，减少或避免产品设计错误。随着各项技术的发展，计算机仿真技术综合集成了计算机、网络技术、图形图像技术、面向对象技术、多媒体、软件工程、信息处理、自动控制等多个高新技术领域的知识。加工过程仿真，包括切削过程仿真、装配过程仿真，检验过程仿真以及焊接、压力加工、铸造仿真等。

计算机仿真技术贯穿从产品的设计到制造以至测试维护的整个生命周期。在虚拟制造过程中，其中面向产品的仿真主要指产品的静动态性能和 DFX 技术；面向制造工艺和装配的仿真主要指对加工中心加工过程的仿真和机器人的仿真；面向企业其他环节的仿真包括虚拟企业建模与仿真；面向生产的仿真主要用于确定生产车间层的设计，调度控制策略和库存管理等。

（五）虚拟现实技术

虚拟现实技术（Virtual Reality Technology，VRT）是在为改善人与计算机的交互方式、提高计算机可操作性中产生的。虚拟现实技术以检测技术、控制理论、电子通信、信息处理以及机械工程等众多学科理论为基础，综合了计算机科学、多媒体技术、人工智能和神经网络以及认知科学等的最新研究成果。虚拟现实技术综合利用计算机图形系统、各种显示和控制等接口设备，在计算机上生成可交互的三维环境（称为虚拟环境）中提供沉浸感觉的技术。虚拟现实技术是以信息技术为代表的各技术领域最新成就交汇和融合的必然产物。

由图形系统及各种接口设备组成，用来产生虚拟环境并提供沉浸感觉以及交互性操作的计算机系统称为虚拟现实系统（Virtual Reality System，VRS）。虚拟现实系统包括操作者、机器和人机接口三个基本要素。它可以实现超越一般时空观念制约的控制和通信，极大地进行人类智能的延伸和扩展。虚拟现实技术，就是由计算机直接把视觉、听觉和触觉等多种信息合成，并提示给人的感觉器官。它不仅提高了人与计算机之间的和谐程度，也成为一种有力的仿真工具。虚拟现实技术最重要的特征在于临境感、交互性和构想性，即虚拟现实三要素：临境感、交互性、构想性。

虚拟现实技术以其卓越而自然的人机交互方式、身临其境的非凡感受、冲击传统的思维模式而成为计算机领域的热门话题。利用 VRS 可以对真实世界进行动态模拟，通过用户的交互输入，并及时按输出修改虚拟环境，使人产生身临其境的沉浸感觉。虚拟现实技术是 VM 的关键技术之一。虚拟现实技术来源于三维交互式图形学。目前已发展成为一门相对独立的学科。近几年，传感器和显示器技术的飞速发展，虚拟现实系统和设备开始走向成熟。应用领域扩展到工程、娱乐、战争防卫系统，人体功效，健康及安全、教育等，出现不同的 VR 应用软件系统。

虚拟现实技术的应用已经得到扩展。随着计算机技术、传感技术和控制技术的发展，多媒体和 VR 的内涵正在不断延伸和拓展。虚拟现实系统主要包括：人机接口所需的部分传感器、软件技术、虚拟现实计算平台。

人机接口：VR 系统的人机接口是指向操作者显示信息，并接受操作者控制机器的行动与反应的所有设备。目前，人们投入较大力量进行研究的主要领域包括视觉、听觉、触觉、位置跟踪等接口系统，如三维空间传感器、头盔显示器、触觉和力反馈器等。

软件技术：软件技术是创建高度交互、实时、逼真的虚拟环境所需的关键技术。虚拟环境建模是指对要创建的虚拟环境及其中的虚拟物理对象的外观、形状、物理特性及性能进行描述，并将相应的接口设备映射到仿真环境之中。漫游功能是指当用户在虚拟环境中行走或转动头部时，所见到的场景应随之发生变化。

虚拟现实计算平台：计算平台是指在 VR 系统中综合处理各种输入信息并产生作用于用户的交互性输出结果的计算机系统。在虚拟环境的创建过程中，虚拟物理对象的物理、运动学等性能建模以及 I/O 工具的快速存取一般由 CPU 进行处理，而真实的视觉动态效果则需要有专门的图形加速设备来实现。高度并行的计算结构采用多个图形处理器并联及高速的总线装置来提高性能。可以实现多用户参与并提供"远程参与"的感觉。

分布式虚拟现实系统是一种基于网络的虚拟现实系统，它可使一组人连成网络，使其能在虚拟域内交互，同时在交互过程中意识到彼此的存在。虚拟现实系统按照沉浸程度来分，可分为非沉浸式、部分沉浸式和完全沉浸式虚拟现实系统；按用户沉浸方式来分，可分为视觉浸入、触觉浸入、听觉浸入和嗅觉浸入等；沉浸式 VR 系统利用头盔显示器和数据手套等交互设备把用户的视觉、听觉和其他感觉封闭起来，使参与者暂时与真实环境隔离，而真正成为 VR 系统内部的参与者。

（六）其他

优化技术是一种以数学为基础，用于求解各种工程问题优化解的应用技术。目前已有多种优化算法，如响应面法、神经网络优化算法、混合优化策略等智能优化算法供求解之用。

现代数据可视化（Data Visualization）技术指的是运用计算机图形学和图像处理技术，将数据转换为图形或图像在屏幕上显示出来，并进行交互处理的理论、方法和技术。学术界常把空间数据的可视化称为体视化（Volum Visualization）技术。通过数据可视化技术。发现大量金融、通信和商业数据中隐含的规律，从而为决策提供依据。这已成为数据可视化技术中新的热点。科学家们不仅需要通过图形、图像来分析由计算机算出的数据，而且需要了解在计算过程中数据的变化。

数据可视化技术的主要特点有：①多维性，可以看到表示对象或事件的数据的多个属性或变量，而数据可以按其每一维的值，将其分类、排序、组合和显示；②交互性，用户可以方便地以交互的方式管理和开发数据；③可视性，数据可以用图像、曲线、二维图形，三维体和动画来显示，并可对其模式和相互关系进行可视化分析。

通常在可视化方面，关键技术的出现就是重大科学发现的前奏。新的数据开发工具，可以大大拓展我们的视野。人类的可视化功能，允许人类对大量抽象的数据进行分析。长期以来，由于计算机技术水平的限制，数据只能批处理而不能进行交互处理；不能对计算过程进行干预和引导，只能被动地等待计算结果的输出。而大量的输出数据也只能采用人工方式处理，或者使用绘图仪输出二维图形。海量的数据只有通过可视化变成形象，才能激发人的形象思维，数据可视化可以大大加快数据的处理速度，使时刻都在产生的海量数据得到有效利用。

近年来，来自超级计算机、卫星、先进医学成像设备以及地质勘探的数据与日俱增，使数据可视化日益成为迫切需要解决的问题。可视化技术在工程中的应用将有助于整个工程过程一体化和流线化，可达到缩短研制周期、节省工程全寿命费用的目的。数据可视化的应用十分广泛，几乎可以应用于自然科学、工程技术、金融、通信和商业等各种领域。可视化技术可将多种来源的各种数据（包括表格数据、离散采样数据、体坐标数据、多重半结构网格数据和非结构网格数据等）融合成三维的图形图像。在工程设计中常采用计算力学的手段，计算力学更离不开可视化技术。

从数学的观点来看，有限元分析将研究对象划分为若干个子单元，并在此基础上求出偏微分方程的近似解。在有限元分析中，应用可视化技术可实现形体的网格划分及有限元分析结果数据的图形显示，即所谓有限元分析的前后处理，并根据分析结果，实现网格划分的优化，使计算结果更加可靠和精确。

二、我国虚拟制造技术存在的问题及措施

对照发达国家的虚拟制造技术，目前我国现有技术还是存在一定差距，主要表现在虚拟制造软件开发缺乏自主创新性；企业信息化不能跟上企业需求；国内对虚拟制造的研发整体环境较基础阶段，总体规划性差，资源利用率低；高级专业人才相对缺乏；投资力度相对较小，大型研发中心较少。

首先应加强对虚拟制造专业人才的培养工作，形成高校、企业、科研机构多层级全方位的培养体系。在以人为本的基础上，采用人机一体的技术路线。从思想和技术上全面提高我国虚拟制造专业人才的素质，不断探索人才的联合培养新模式，加强科技创新能力。其次应该重视国内虚拟制造环境的整体规划。应该认识到虚拟制造技术与其他的先进制造技术相互关联，我国目前还面临着技术资金上种种制约因素的限制，研究及推广应用需要投入大量人力物力，应从整体上加强对虚拟制造技术的指导和调控，有效利用资源，使虚拟制造技术与各种先进制造技术相互衔接、协调发展。再次要加强关键技术的研究、开发和应用。重视建模技术、计算机仿真技术和虚拟现实技术等虚拟制造关键技术的发展，集中我国科研力量，建立分布式网络化研究中心，以企业为主体，产学研相结合，重点投资与自身发展有关的关键技术的研究。最后要从实际出发，分阶段实现企业虚拟制造应用，要做基础工作。

三、虚拟制造技术与其他先进概念及技术的关系

（一）虚拟制造技术与其他概念的关系

1. 虚拟制造技术与多媒体技术

多媒体技术是一种把文本、图像等形式的信息结合在一起，并通过计算机进行综合处理，能支持完成一系列交互式操作的信息技术。多媒体技术中的"媒体"一词，其含义是信息的载体。多媒体技术的特点有集成性、实时性、交互性、非线性、信息使用的方便性等。

如果媒体携带的信息种类仅有一种，如图像，则此媒体称为单媒体，如果媒体携带的信息是文字、声音和图像的综合，则此媒体称为多媒体。图形、文字、声音、图像等计算机中的信息通过这些媒体来表达。多媒体技术感知范围没有 VR 广，后者还包括了触觉、力觉等感知。有人认为多媒体技术是虚拟现实技术的子集，有人认为则相反。其实，两者相互渗透，它们应是相互交叉的学科。多媒体技术就是以计算机为核心的集图、文、声、像处理技术于一体的综合性处理技术。

一般来说，多媒体技术不强调人机交互性，如可视场景不随用户视点而变，因此，它提供的真实感不同于 VR 的存在感。

2. 虚拟制造技术与虚拟原型

虚拟原型是具有一定功能的基于计算机的仿真系统，能测试和评价多种设计的某些特征。如果虚拟原型是通过模拟工艺计划来构造的，那么这就是用虚拟制造技术来产生虚拟原型，达到缩短产品开发时间和降低成本的目的。虚拟原型技术与虚拟制造技术相互促进发展。

3. 虚拟制造技术与计算机图形学

计算机图形技术是实时图形生成与显示的技术，它具有良好的实时交互性和一定的自主性。虚拟制造技术依靠计算机图形学来建立计算机内的数字化模型，这种模型可以像真实物品一样可视和可运动。在多感知和存在感方面图形学与虚拟现实有较大差距。从人机交互的自然程度来看，VM 较 CAD 系统更为优越，而且 VM 更强调用户感知方式的多样性。图形学主要依赖于视觉和听觉感知，由于感知手段的限制，用户并不能感到自己和生成的图形世界融合在一起。在虚拟现实中和通常图像显示不同的是，它要求显示的图像要随观察者眼睛位置的变化而变化。虚拟制造技术的不断进步离不开计算机图形学的进步，虚拟现实的很多基础理论来自于计算机图形学。

4. 虚拟制造技术与可视化是一种计算机方法

可视化是一种计算机方法，它可以将信号转换成图形或图像，丰富科学发现的过程。可视化研究可分为后置处理、跟踪与控制三个层次。跟踪为图形显示与计算过程同时进行，具有及时显示计算中间结果及最后结果的特点，且图像直接从数据中产生；后置处理图形显示是在数据计算后产生的，结果网像可重复显示；控制是在计算过程中对参数进行修改，对数值模拟进行直接控制和引导。当可视化达到控制层次时，可纳入虚拟现实技术范围。

5. 虚拟制造技术与仿真技术

虚拟制造技术依靠仿真技术来模拟设计、装配和生产过程，使设计者可以在计算机中"制造"产品。VR 系统侧重于表现形式，它可以与客观世界相同，也可以与现实背道而驰。仿真是虚拟制造的基础，虚拟制造是仿真的扩展。仿真系统真正反映出现实世界的运动形式，仿真不强调实时性，生成的可视化场景不会随用户的视点而变化。利用虚拟现实技术可以更好地帮助系统仿真验证模型的有效性，并可以更加直观地、有效地表现仿真结果，两者相辅相成。在虚拟制造中，模型往往是动态的，虚拟现实使用户看到的景象会随视点的变化即时改变。概括地说，虚拟现实是模拟仿真在高性能计算机系统和信息处理环境下的发展和技术拓展。

6. 虚拟制造技术与虚拟企业

虚拟企业是敏捷制造的动态组织形态，是指为了赢得某一市场机遇，围绕某种新产品开发，通过选用不同组织或公司的优势资源，随市场机遇的存亡而聚散。在虚拟企业中的伙伴能共享生产、工艺和产品的信息，这些信息以数据的形式，能够分布到不同的计算环境中。动态联盟是综合成单一的靠网络通信联系的阶段性经营实体，具有集成性和实效性两大特点，它实质上是不同组织或企业间的动态集成。虚拟企业和虚拟制造技术没有很强的相互依赖关系。虚拟企业强调网络环境下快速和敏捷的生产经营组织和管理，而虚拟制造的重点是仿真产品生命周期中的各个活动。

（二）虚拟制造技术与其他技术的关系

1. 虚拟制造与计算机集成

虚拟制造是"节点"数字化模型的虚拟集成，计算机集成将企业活动的各个"节点"物理的、逻辑的连接。虚拟集成是实际制造的模型化映射。虚拟制造与计算机集成均可优化制造过程，但是虚拟制造优于计算机集成，其具有易创建及虚拟现实等优点。虚拟制造系统为计算机集成提供了仿真环境，提高了其运行效率。

2. 虚拟制造与精益生产

精益生产即把各方面的人才集成在一起，简化产品的开发、生产、销售过程，简化组织机构，实现最大限度的精简，获取最大效益。精益生产要求重视客户需求，强调一职多能，推行小组自治工作制，赋予每个员工一定的独立自主权，运行企业文化。精益求精、持续不断地改进生产，降低成本。精简一切生产中不创造价值的工作，减少开发过程和生产过程及非生产费用。减少信息量，消除过分臃肿的生产组织。精益生产的种种特点决定其程度越高，虚拟制造实现起来就越容易，同时虚拟制造技术为研究制造过程简化方案提供了条件。

3. 虚拟制造与敏捷制造

敏捷制造以竞争力和信誉度为基础，选择合作伙伴组成虚拟企业，实现信息共享、分工合作，以增强整体竞争能力。敏捷制造具有动态联盟；高度的制造柔性；企业间协作集成等特征。其核心是快速应变。但虚拟制造技术可以为虚拟企业的合作伙伴选择及评价合作进程等提供协同工作及运行支持的环境。

4. 虚拟制造与绿色制造

绿色制造是综合、系统地考虑产品开发制造过程对环境的影响，在不牺牲产品功能、质量和成本的前提下，使产品在整个生命周期中对环境的负面影响最小，资源利用率最高，是一种综合考虑环境影响和资源效率的现代制造模式。具体内容包括绿色工艺、绿色材料及其选择以及绿色包装。选择具有良好环境兼容性的材料，提高产品材料的循环利用率，选用无毒、无害、可回收、易处理的包装材料，简化包装，以减少资源浪费，减少环境污染。绿色制造的提出是人们日益重视环境保护的必然选择。绿色制造在虚拟制造研究中对制造过程环境影响方面的研究尚不多见，但绿色制造仿真必定是未来虚拟制造系统的重要内容之一。

5. 虚拟制造与并行工程

并行工程是并行地进行产品设计及其相关过程的系统方法。要求在设计阶段就考虑产品整个生命周期中各下游环节的影响因素，避免传统方式下各环节严格串行所经常产生的大修大改和重新设计——制造的大循环，提高各环节小循环之间的并行度和协同程度。为了达到并行工程的目的，必须实现产品开发过程的集成并建立产品主模型，通过它来实现不同部门人员的协同工作。并行工程是虚拟制造的实施目标之一，虚拟制造则为并行工程的实现提供了一种有效的技术手段。为了达到产品的一次设计成功或减少反复，它在许多部分都应用了仿真技术，其中主模型的建立、局部仿真的应用等都是虚拟制造的重要研究内容。虚拟制造使设计和制造的并行成为可能。虚拟制造技术的发展为并行工程提供了技术支持，也使并行工程具有了新的内涵。

6. 虚拟制造与智能制造

智能制造技术是指在制造工业的各个环节，应用计算机来模拟人类专家的制造智能活动。智能制造是以整个制造业为研究对象，目标为信息和制造智能的集成与共享，强调智能型的集成自动化。智能制造系统是以高度集成化和智能化为特征的自动化制造系统，在整个制造过程中通过计算机将人的智能活动与智能机器有机融合。虚拟制造为智能制造过程优化提供了技术支持。

第三节　虚拟制造发展趋势

虚拟制造作为一种新的先进制造方式和手段，本身具有数字化、虚拟化、可视化等特点。随着人们对制造科学规律的认识和实践的不断深入和完善，计算机技术、网络技术、虚拟现实技术、科学可视化技术等发展不断得到深化和加强，虚拟制造对实际制造过程仿真、映射的准确性和指导作用也将不断得到提高和加强。许多发达国家从政府层面上大力推进和引导虚拟制造技术的发展，提高制造业的核心竞争力。在瑞典制造业协会的研究报告中，明确指出了虚拟制造技术相关核心技术的研发必须要保证连续性。2010年美国国会举行听证会着重讨论政府对制造业创新的政策扶持。虚拟制造技术对我国制造业升级、经济转型具有重大的作用，我国政府借鉴国际上的做法，提前布局，正在大力加强对虚拟制造技术研发、市场化的扶持。北京市政府组织专家组做了虚拟制造规划报告，从北京的产业化调整和发展角度对虚拟制造技术的发展做了规划布局分析。上海服务业"十二五"发展规划指出大力发展虚拟制造技术提升装备制造业自主创新能力和绿色制造技术水平。

随着虚拟制造不同过程之间模型集成和集成化环境问题的研究和解决，将有利于推动虚拟制造从局部应用到集成应用发展。产品设计制造过程的前瞻性综合仿真、优化和决策作用将得到更好发挥，缩短产品研制周期。"虚拟工厂"概念的提出就是建立起基于计算机网络的分布式集成制造运行模型及环境，实现整个工厂的虚拟制造过程。

在复杂高科技产品开发中 VR 的虚拟制造得以更多的应用。例如航空、航天、汽车、船舶等领域及复杂高科技产品的开发过程中，通过在具有沉浸感和真实感的 VR 环境中操纵虚拟的产品模型，进行产品虚拟样机、产品外观、结构布局、性能优化、虚拟装配、维修操作等方面的设计与评价，提高物理样机制作的一次成功率甚至完全取代物理样机。

企业应用虚拟制造技术在产品设计、制造、销售等方面都呈现出快速发展的趋势。目前产品设计呈现向生产测试型虚拟样机方向发展。销售和售后服务逐步向产品体验、应用环境个性化定制以及与物联网结合的虚拟维修指导方向发展。许多重要产品运行试验，已经实现部分或全部虚拟设备或虚拟环境。在服务业中虚拟制造技术服务可以提供技术研发服务、处理和显示设备共享服务、人员和实施服务等。

未来虚拟制造技术将其他先进制造技术的融合或结合更加紧密，先进制造技术正朝着数字化、虚拟化、网络化、集成化和智能化的趋势发展。虚拟制造的发展将为 CIMS、并行工程、敏捷制造、虚拟企业等先进制造哲理提供更为先进、方便的仿真和验证手段。虚拟制造将进一步向概念设计、绿色制造、仿生制造等领域扩展。

虚拟制造技术的理论研究在许多高校和科研单位都在进行，主要面对虚拟制造体系、数字和物理仿真、数据处理、模型推演、交互操作、虚拟融合等方面。目前发展方向包括基于现有制造软件平台的发展和专用型软硬件系统发展。针对某个应用领域的软硬件来构建软件，根据操作和现实要求来构建物理操作设备和显示设备。国际上著名的 CAD/CAM 系统提供商逐步在原有软件系统的基础上，集成 CAD、CAM、CAE、PDM，以及虚拟样机分析、虚拟浏览和转换接口等功能形成综合性应用系统。

未来虚拟制造技术将在企业和教育部门的技术培训中大显身手。例如在飞行员或航天员的技术培训和适应性训练时使用虚拟制造技术成本低、安全性好。而虚拟制造具有的数字化、虚拟化、可视化等特点，使其更适合于企业和教育部门的技术培训。由于虚拟制造系统使用数字化的虚拟模型，非常容易复制同样的系统，培训人数受限于培训设备的情况将不复存在，培训周期和培训成本也将大幅度降低。目前高等院校正在进行虚拟制造方面的人才培养，包括本科生、硕士生、博士生层面的，职业机构也在扩展这方面的技能培训，企业将输送和引进技术人才。

第二章　虚拟制造系统

虚拟制造系统是现实制造系统的模型化、形式化以及计算机化的抽象描述和表示，作为现实制造系统在虚拟环境下的映射，需要仿真产品生命全程中的各种特性以及与此相关的制造环境、制造企业的各种活动。任何虚拟制造系统都是在一定的体系上构建和运行的，体系结构的优劣直接关系到 VM 实施技术的成败。它需要表现出现实制造系统所具有的本质特征、功能及运行机制。本章介绍虚拟制造系统的目标需求、体系结构、原理模式以及建模方法技术等内容。

第一节　虚拟制造系统的目标需求

虚拟制造系统是针对于制造行业与制造系统以及资源与活动的一种数字化集成手段，它具有集成化的目标需求，包括产品的整个生命周期与各种软件、硬件、标准及人员的集成化。同时虚拟制造系统具有仿真性和结构性，有集成真实世界与虚拟世界的目标需求，虚拟制造系统是集成制造系统资源的桥梁。

一、全面的仿真模拟

虚拟制造系统具有仿真性，其目标之一就是对产品的制造设计以及性能进行全面的仿真模拟。当前虚拟制造系统传感技术和虚拟现实技术越发先进，可以让设计人员和体验人员全方位地感受到产品全生命周期的整个过程，对产品进行虚拟设计试验、虚拟制造分析以及生产销售使用。这种全方位的感受是通过具有声音、视觉、触觉、嗅觉等多种输入以及输入装置实现的。虚拟制造系统的仿真是真正产品全生命周期的整个仿真。仿真器具有多种输入方式。除了数据参数以外还有虚拟现实技术，虚拟环境中的仿真物理模型，实现柔性化制造，实时参数调整。虚拟制造系统能提供的仿真数据目前已经极为精确，常见于虚拟产品设计制造中，产品制造及使用中的各种问题都可以通过虚拟制造系统进行体验。真实感输出通常以数据、曲线、表格等形式给出，在直观数据的前提下，虚拟制造系统仿真更富于真实感。仿真过程的透明性，操作者可实时干预。

二、基本结构保持一致

虚拟制造系统与真实制造系统应保持结构上的柔性和类似性以及功能上的等价性。虚拟制造系统具有系统开放性，其系统功能较容易扩展。虚拟制造系统结构和模型重组性以及重用性较高，它实质上是一个综合开发应用环境和软件工具集，可以提高各构件的组合能力。

虚拟制造系统具有与真实制造系统相似的结构，但不是结构一致性。虚拟制造系统具有与真实制造系统相似的结构方便了系统的设计及使用人员对系统进行更直观的修改操作。虚拟制造系统其实是对真实制造系统的抽象化概括。在简化系统结构后实现制造目的更加容易。与真实系统以及物理设备一样，虚拟制造系统不仅可以发送控制命令，也可以对控制命令做出反应，其与真实系统具有功能等价性。在数值精确度方面，虚拟制造系统与真实制造系统对数据的响应相接近，真实制造系统与虚拟制造系统之间的兼容性越高，二者之间的状态数据越接近，这一点在半封闭虚拟制造系统中尤其明显。另外虚拟制造系统与真实制造系统具有语义一致性。但实现二者语义高度一致性具有一定的难度，同时控制命令语义一致性越高，虚拟制造系统越有效。在响应时间上，二者相比较，虚拟制造系统趋向于尽可能小的响应时间，而状态数据越精确，响应时间会与其成正比并逐渐增加。在设计虚拟制造系统时，应注意找到达到响应时间与数据精度之间的最佳平衡点。

虚拟制造系统具有满足分布式协同工作和动态运行操作的目的性。虚拟制造系统在处理实体仿真时常常使用大量数据和信息，这些数据来自于不同网址。故而虚拟制造系统的必备条件之一就是能在分布式环境下进行虚拟并运作。

三、公共数据库

虚拟制造系统作为集成制造系统资源的手段具有集成各种资源及整个产品生命周期的目的和需求虚拟制造系统与真实制造系统具有信息上的等价性。实现虚拟制造系统与真实制造系统间的信息交换可以通过多种方式连接两种系统。虚拟制造系统为各种制造资源提供了公共的通信平台，以满足制造系统语义方面的接口需求。对生命周期的集成，主要来源于虚拟制造系统和现实制造系统的连贯性，以及虚拟制造系统活动的"预演"特征。虚拟制造系统使制造技术和信息技术相互沟通。而虚拟制造系统内的时间要素可以正向或反向流动。

在设备运行阶段，虚拟制造系统作为一个"车间监控者"而存在，在接收数据、翻译数据时显示车间的实时状态，同时提供车间的集成的映像。例如，虚拟制造系统为仿真器提供一系列输入数据，如NC程序、材料数据、几何模型、工件及其夹装方式，可以得到切削过程的仿真结果，如加工后的形状，工件的误差，刀具与机床的操作记录等。随着一个工厂的生命周期从创建到终止，虚拟制造系统可以为工厂的各种活动提供一个公共的数据库。仿真器的输入数据由其他软件及数据库提供，虚拟制造系统充当沟通各种分离的制造资源间的媒介。

制造系统目前面临外部和内部条件的剧变。制造设备和产品的信息含量越来越多，很多机器都实现了数字化控制，而且具有越来越强的信息处理能力和与其他信息处理设备如计算机的通信能力。虚拟制造系统作为沟通信息技术与制造系统的桥梁必须适应新的社会和经济环境的要求。

虚拟制造系统应提供一个工厂或车间的公共数据库，其中存有工厂或车间从设计到关闭的整个生命周期的各种活动数据。在工厂运行阶段，生产管理人员利用该模型进行任务规划，人员培训、生产监测等。虚拟制造系统中存储的运行记录，可以用于维修的数据参考。在工厂设计阶段虚拟制造系统可提供工厂的详细模型描述工厂的设备布局等。全生命周期活动的集成基于虚拟制造系统和真实制造系统的连续性和虚拟制造系统活动的反演功能，即时间的正向流动或反向流动，见图 2-1。

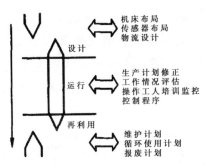

图 2-1

当前各国都先后提出了各自的制造业发展战略，例如敏捷制造、智能制造、绿色制造等。在技术变革时期强调充分利用现代信息技术的成果，尽可能地对制造系统数字化。人们试图用信息技术提供的概念、方法和工具解决制造系统的问题时，会遇到制造系统和信息系统之间的"语义鸿沟"，如图 2-2 所示。如何用信息工具描述、处理制造活动，如何在信息世界完整地再现真实的制造系统，是目前急需解决的问题。用信息工具完整充分地表达制造系统，对制造活动进行完整准确地刻画，新的制造概念才有意义，才谈得上利用信息技术解决制造业所面临的问题。

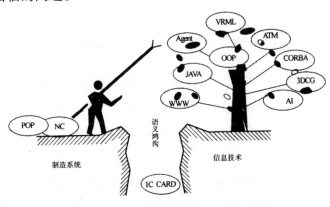

图 2-2

制造活动需要与现实物理环境的交互。扩展面向制造的信息系统在信息系统和制造系统之间架起桥梁是必不可少的步骤。虚拟制造系统成为沟通信息系统与制造系统的桥梁，可以提供给我们有效的制造系统信息化方法，使制造系统的产品和过程全数字化。

但是我们应当认识到虚拟制造系统真正的意义在于其桥梁作用。虚拟制造系统中仿真输入数据由其他软件和数据库提供。故而虚拟制造系统应具有公共的通信平台，为各种制造资源提供语义水平的通信接口，如图2-3所示。

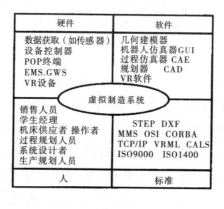

图2-3

第二节　虚拟制造系统的体系结构

一、虚拟制造系统（VMS）的体系上构成和运行

虚拟制造系统（VMS）是在一定的体系上构成和运行的。虚拟制造系统的体系结构优劣具有重要意义，其决定着虚拟制造技术是否能够成功。虚拟制造系统建立在计算机技术之上，建立可视化虚拟模型。虚拟制造系统可以对现有信息和经验进行集成，通过交互式输入输出装置构成虚实结合的相关系统，最终实现对实际生产生命周期的取代和扩展。一个合理的虚拟制造体系结构可以集成产品开发全过程的功能及信息，把虚拟产品开发过程中的设计制造及生产调度等环节进行集成，最终达到人、技术、设备、组织、管理的协同。实现对层次化

的控制，在异地分布制造环境下，顺利进行产品开发活动。

虚拟制造系统的体系结构根据不同应用目标和应用环境而各有不同。它是生产过程中的人、计算机与实际制造之间关系的表现，如图2-4所示。现代制造环境中，通过计算机技术，人将制造经验、知识和技术对产品进行制造和管理。虚拟制造的核心是在虚拟系统中通过仿真以及虚拟现实等手段来取代或拓展实物生产制造的功能。

图2-4

现代化先进制造企业各部门均应用计算机技术和自动化设备进行产品设计生产以及销售等活动。生产过程中的各个生产制造环节密不可分，这些环境可大致分为产品设计、产品制造和产品销售服务三大环节，如图2-5所示。

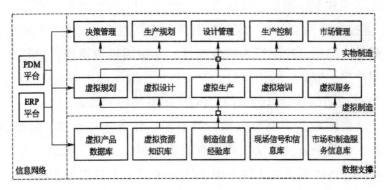

图2-5

针对虚拟制造设计的系统体系中代表性体系有：Mediator体系、Iwata体系、分布式体系等。

针对系统的地域分布性以及应用软件和操作平台异构性，Mediator体系着重处理和解决了这种情况下的知识支持及通信技术，且具有开放式的信息和知识体系。Mediator体系是一个侧重于知识信息的管理体系，它考虑了多软件、多地域的集成。该体系提供支持复杂制造环境的柔性管理技术，但不涉及产品开发周期，也未体现模型技术和数据管理技术的重要性。Mediator 体系如图 2-6 所示。

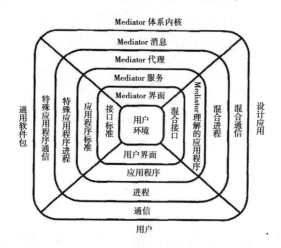

图 2-6

日本学者 Iwata 提出的虚拟制造系统的体系结构着重描述了虚拟制造系统的宏观结构和组成。Iwata 体系较全面地分析了企业或车间内的制造活动和数据模型，该体系集成性强。Iwata 体系由虚拟信息系统 VIS、虚拟物理系统 VPS、定时控制器和数据浏览器组成。忽略虚拟制造中活动、数据及控制行为的分布性。系统通过浏览器和虚拟现实设备向用户提供输入、输出接口。整个系统由时间同步器实现同步，VIS 和 VPS 通过通信接口进行通信。Iwata 体系结构如图 2-7 所示。

工具集体系基本框架包括：浏览器、任务选择管理、模型管理、中继器。认为企业（系统）建模有五个领域：活动、组织、方法、业务、时间。该体系从通用性考虑，认为可以用工具思想表达产品开发过程的各类活动。其缺陷在于不支持产品开发活动中产品和制造数据间的反馈和交互，如图 2-8 所示。

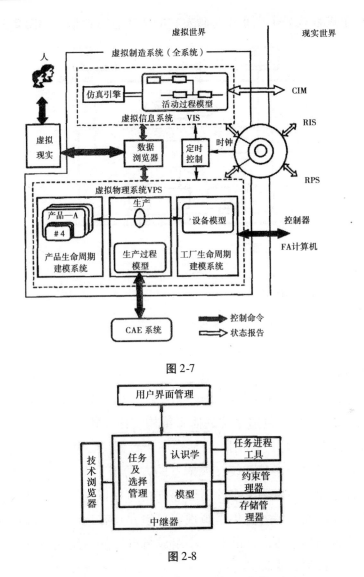

图 2-7

图 2-8

二、Mediator 体系、Iwata 体系、分布式体系

（一）Mediator 体系

分布式体系认为用户使用计算机中界面的目的是为了获取信息或执行某项活动，其操作"对象"是"服务"。该体系注重了活动：数据的网络分布性研究，并提出了解决思路。该体系"服务"的实施可

以是一个进程或多个分布，与激发它的实体进行通信，如图 2-9 所示。

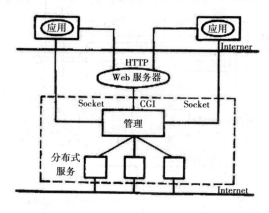

图 2-9

（二）Iwata 体系

合理的体系结构是建立合理 VMS 体系的基础，优越的虚拟体系结构能提供一个开放性强的技术框架，支持生产经营活动和生产资源的分布式特性，可以把虚拟产品开发过程中的设计、制造及装配、生产调度，质量管理等环节有机地集成起来。上海交通大学提出了基于"虚拟总线"的虚拟制造系统的体系结构。该 VMS 总控体系有五个层次：界面层、控制层、应用层、活动层、数据层，如图 2-10 所示。图中界面层提供操作者与系统交换信息的方式和手段，本层主要由人机交互界面组成，可以用文本、图形等方式向虚拟制造系统请求服务然后进行开发活动。另外提供虚拟现实环境，具有沉浸虚拟环境所需的数据输入输出接口等。产品开发小组成员可以从系统获取信息以进行多目标决策或群组决策。

控制层基于网络协议将界面层传来的服务请求等工作指令转化为控制数据，该层记录虚拟系统中的状态信息，可激发本地或远程应用系统服务。该层同时对分布式的系统内多用户进程的并发控制等进行管理。

应用层由虚拟产品设计和虚拟产品制造组成。虚拟产品设计包括 CAD、DFX、FEA 等，虚拟产品制造包括制造系统建模、系统布局定义、制造仿真等。该层对产品开发过程的功能模块进行管理。

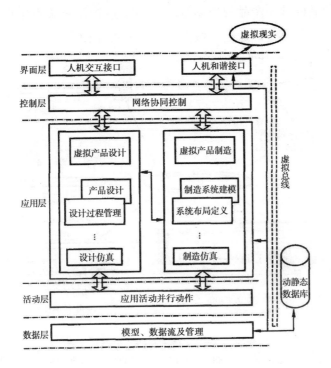

图 2-10

活动层实现应用层中各种应用过程的逐步分解为标准活动，并以类似进程的方式执行这些活动。活动可以用统一的 W4H 形式描述。

数据层对产品开发过程中所有活动所需处理的动态数据和静态数据、制造知识和模型进行公共管理。这些知识、模型以分布的数据库形式存放。

各层之间的信息运作通过"虚拟总线"以统一的协议进行。虚拟总线进行控制指令、状态和公共数据的正确数据采集、传输与调度，其基于网络协同控制的虚拟总线是构成虚拟制造系统有机整体并确保其有效运行的支持平台。

三、细化

该体系提供了一个结构紧凑的开放式框架，可支持分布式环境控制，实现多层次集成以及真实世界与虚拟世界的交互映射。上海交通大学还提出了一个虚拟制造研究的实验环境，如图 2-11 所示。其中包括虚拟产品设计、产品快速验证、制造信息控制及虚拟生产仿真四个子系统。子系统内部通过局域网互联，并经路由器与 Internet 连接。

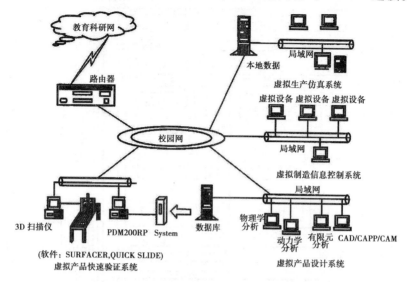

图 2-11

虚拟制造系统体系具有分布性、并行性、开放性、动态性以及集成性等特性。虚拟制造系统支持产品开发过程中的所有活动，应能灵活地根据产品实施方案，进行企业对象和生产活动的映射，动态操作管理企业资源。虚拟制造系统的开放性表现为系统功能的易扩展性、系统硬件的开放性、系统软件的开放性。基于进程思想的活动和虚拟制造环境的分布式特性，虚拟制造系统可以"虚拟并行运作"描述整个体系过程。虚拟制造体系的集成性表现为对宏观信息管理和控制的机制，以及模型的标准化和可重用性技术、模型间的信息交互和共享。虚拟现实技术的应用极大地增强了人与计算机的交互能力，加强了人在虚拟制造系统运行中的作用。

虚拟开发平台体系包括虚拟加工平台、虚拟生产平台、虚拟企业平台及支持三个平台的产品数据管理系统，如图 2-12 所示。该平台分为冷热两个开发环境。虚拟加工平台进行可加工性和生产性分析，支持产品并行设计、工艺规划加工、生产布局设计、企业生产计划及调度优化、虚拟设计等。虚拟企业平台支持基于广域网的三维图形异地快速传递、过程控制和人机交互。

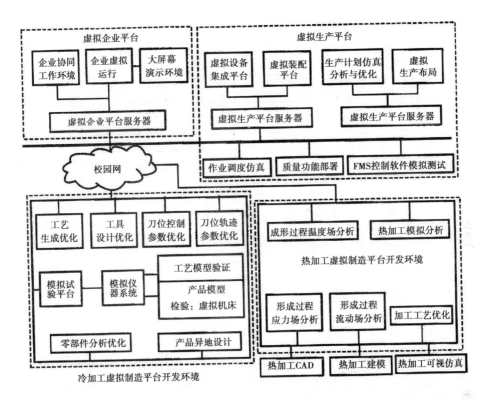

图 2-12

从现代制造企业自身的技术和组织管理的角度，虚拟制造可以融入到实物制造结构体系中的各个分支中。产品设计是生产制造的入口，是生产和销售阶段的基础，以分析计算、图纸设计、样机试制为前导。现代化企业中经常采用虚拟产品设计的方法，用虚拟样机来代替实物样机，将各类信息虚拟化的配套实物或环境集成到设计系统中，使设计更加快捷。生产过程涉及多种因素和复杂关系，可以用虚拟去代替实物资源的消耗，使生产周期缩短，生产效率提高，产品质量和可靠性提升，制造成本降低。虚拟制造的核心处理系统程序会根据前端需求完成数据到虚拟可视化的转换过程，实现虚拟辅助功能。在虚拟制造数据库系统的支撑下，企业中的生产管理部门在企业信息化系统的支撑下使用虚拟制造软件可进行虚拟规划决策、设计研发测试等活动，如图 2-13 所示。

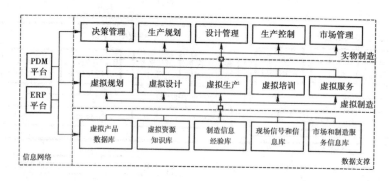

图 2-13

第三节　虚拟制造系统的原理模式

一、虚拟制造系统的原理

企业的运行环节决定着如何构造虚拟制造系统，虚拟制造系统的主要组成部分一般包括支撑数据库、需求和信息输入、评价体系模块、应用前台软件模块、数据图形转换和软硬件系统接口、模拟运行和生成输出以及核心处理系统和应用功能等。具体可见图 2-14。

支撑数据库：常用的数据库包含部件库、工艺库、经验库、管理库、模型库、模拟库、记录库、测试数据库、设备资源库、装配运动库、说明图册库、评价规范库、图形素材库、样机用户环境，等等。系统的数据储存起到核心支撑作用，它衔接着输入转换与虚拟处理。

需求及信息输入分为三种模式：预录入输入、即时人工输入、自动采集。系统的输入模块包括企业其他信息化软件系统的数据资源输入，也包括数据录入、使用需求、CAD 模型输入、经验记录、交互操作和自动控制信号输入、产品管理和生产资源信息和模型输入、工作请求等。系统的输入模块是系统网络终端和内部数据库及处理程序之间的桥梁。终端用户需求包括企业产品用户、市场及售后服务人员收集的信息，远程产品设备的运行信息，以及企业内部各部门的需求信息。

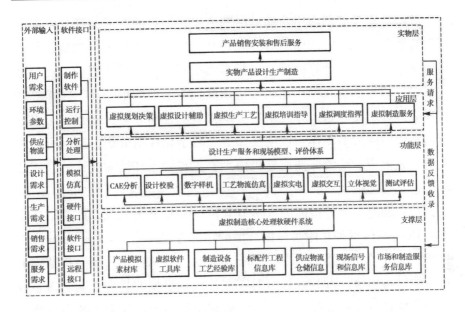

图 2-14

评价体系模块：评价关键构建时使用 CAE 分析数据，评估产品设计合理性使用虚拟样机，评测生产工艺流程使用模拟运行方式，评测使用模块化程序，根据前端评测要求，调用评价规范数据库进行。

应用前台软件模块通常使用服务器和终端资源共同运算方式来完成最终动态图形输出，主要完成终端用户的输入、交互操作请求和显示输出。

数据图形转换和软硬件系统接口转换采用实时转换和批量工具转换两种方式。虚拟制造系统有自己的构建标准和数据格式。虚拟制造系统根据其任务需求和网络通信来确定图形精度，优化必要参数。企业现有系统和常用的数据格式有些可以直接使用，有些则需要进行转换，尤其是图形格式必须转换。对于文本或数字类型的数据也可能需要转变为图形。如果是公网传输，也必须把图形数据转换为数字文本以减少传输量。

模拟运行和生成输出：由于用户终端归属于不同的生产部门，需求大不相同，因此终端软件的功能和处理方式也不相同。通过服务器端运算处理和终端计算机的输出显示处理，系统按请求终端的输出环境进行配置输出，虚拟样机或虚拟生产系统在终端机上能够模拟运行。

核心处理系统和应用功能：由图形工作站级的图形处理与虚拟分析计算服务器上运行的虚拟处理软件和辅助支撑工具软件构成，负责终端请求下的分类计算处理，包括虚实交互操作，服务器端主要处理终端操控信号的交互操作逻辑、请求队列、虚拟图形变换、转换终端程序处理等。交互输入方式来自终端接入的控制型号，交互输出方式有终端虚拟图形的动作、运动反馈等；数字化样机分析，模型可以组装成可装拆或运动的部件成整机模型，主要验证其结构设计的合理性问题，进行虚拟组装，结合生产和应用环境，生成数字化虚拟样机，对其预定功能性能等指标进行模拟分析；CAE 分析处理，虚拟制造中的 CAE 分析过程使用附带应用环境的零部件参数化的计算，形成虚拟样机的 CAE 分析数据库系统，动态分析或直接从数据库预分析数据的拟合线进行插值。CAE 软件可对零部件虚拟模型的静态、动态力学性能等指标进行分析处理；立体视觉处理给使用者更加逼真的可视化环境，虚拟产品需要双目立体视觉处理，根据终端的显示请求，将虚拟样机或虚拟生产场景，实时生成具有合适立体视差的左右眼双画面，由终端处理程序进行最终显示输出；虚机实电处理模块中的机械部分使用虚拟样机技术，客户端可以得到实际电控信号驱动的虚拟机械装备的动作功能，从而测试分析机械和电气控制的合理性；虚拟图形处理和产品设计辅助：产品设计中使用虚拟辅助设计技术实现零部件快速参数化、标配件联合工程信息的应用、设计过程校验判别和设计经验的积累和提示。基于 CAD 软件中模型、装配关系、运动关系的定义将产品加工物流、控制逻辑等转换成为模拟运行的虚拟图形并生成可视化图形数据。制造服务的虚拟技术应用：在市场营销的产品虚拟展示和体验、制造物流调度管理、故障诊断、制造服务相关技术应用等；工艺和物流仿真处理是将数据库中的生产场地、操作人员等模型数据信息和 CAD 软件中的零部件模型进行处理，形成模拟生产运行模型，供终端用户分析讨论。虚拟生产制造的重要点是产品零部件实物生产前的虚拟化试生产。

二、虚拟制造系统的模式

以设计为中心的虚拟制造（DCVM）可以为产品设计提供虚拟环

境满足各种设计准则（DFX），包括面向制造的设计（DFM）、面向装配的设计（DFA）等。该环境支持面向设计与管理的全球化合作，并集成了计算分析、网络通信、可视化仿真技术等开发工具，它以设计为中心，为产品设计、产品评价和异地协同设计提供了模拟环境。在这种设计模式下，虚拟设计环境提供了丰富的信息通信手段，产品设计及制造中各个环节的专业人员不需要面对面交流，地域阻碍被基本消除，故而在产品的构思阶段，各个环节的专业人员就参与了产品设计并且可以对设计提供可制造性方面的评价。以设计为中心的虚拟制造的目标是进行产品设计、产品的适用性分析和宜人性（Ergonomics）评价，其主要内容包括产品布局设计、产品外形设计、产品装配仿真以及产品运动学、动力学仿真、运动强度校验等。该模式主要适用于产品设计及评价、产品使用培训及维修。系统的输出为产品数字模型及产品评价结果。由美国马里兰大学开发的 IMAC 系统也是类似的一种系统。具有三维动画能力的各种仿真分析软件可实现与 PDM 系统的无缝连接，无须用户重新分析、重新建模。

虚拟设计把制造因素和信息引入到整个的设计过程，利用仿真优化产品设计。传统设计过程中很多必不可少的步骤，在虚拟设计中则可以大大简化，如传统的图纸传递方式被生动的三维产品模型传递所取代。虚拟设计使传统的产品设计方式发生了深刻的变革。这就使原来静态的产品设计转换为动态的设计，产品用户也可以通过虚拟环境中的用户接口参与产品设计。例如 DFX 技术，通过在计算机上制造产生许多"软"样机，从而在设计阶段，就可以对所设计的零件甚至整机进行可制造性分析。这包括加工过程的工艺分析、铸造过程的热力学分析、整机的动力学分析等，甚至包括加工时间、加工费用、加工精度分析等，如图 2-15 所示。

以控制为中心的虚拟制造（CCVM）是将仿真加到控制模型和信息处理中，以实现基于仿真的最优控制，是在考虑车间和制造单元生产活动的情况下，构建从设计到制造一体化的虚拟环境评价产品设计、生产计划和控制策略，并在模拟的控制过程中提供改进的手段。

以生产为中心的虚拟制造技术使可生产性评价达到了更高的水平，

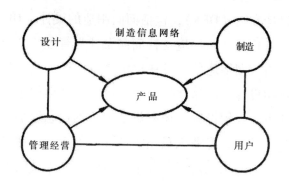

图 2-15

嵌入式仿真已在生产计划的编排中获得广泛的应用，它可考虑到各种资源约束（如机器故障、刀夹具数量、空间及人力资源限制等）情况下的动态调度过程，以动画或高真实感图像显示某一生产计划驱动下生产线的制造过程。

以加工为中心的虚拟制造系统可以全面逼真地反映加工环境与加工过程，目标是研究产品的可加工性，优化工艺过程，包括产品部件的可加工性、可装配性、材料设备资源的匹配性等相关研究。以加工为中心的虚拟制造系统可支持零件或部件的并行设计、工艺规划及工艺过程分析。这类虚拟制造系统的主要特点是仿真精度要求高，图形界面精细，人机交互过程中可以对工艺装备的设计正确性、合理性做出评价，对加工精度进行预测，优化工艺规划、工艺参数和加工精度预测，为动态工艺规划提供技术支持，对工艺规划合理性进行评估。

根据虚拟制造系统与外界的联系，虚拟制造系统又可分为不向外界真实对象发出控制信息的全封闭式和可以作为车间的监控器、接收车间的数据并翻译的半封闭式系统。

第四节　虚拟制造系统建模方法技术

一、概述

（一）系统建模方法

虚拟制造系统开发及运行的主要内容可表述如下：

（1）基于相关理论和经验积累，对制造知识进行系统化组织和描述。

（2）对产品、设备等工程对象及制造过程、活动进行综合建模，建立虚拟制造的系统模型。

（3）利用虚拟制造的系统模型进行仿真，对产品设计制造进行评价。

（4）对不满意的仿真结果进行分析。提出改进措施后，重复上一步过程（3）。

（5）对虚拟制造系统模型进行维护和完善，不断提高仿真质量。

由此可见，系统建模是虚拟制造系统的核心，是构成虚拟制造系统的基础。尽管在一些具体的应用领域如 CAD、CAPP、CAM 中也用到了建模技术，但是这些建模是不完整的、相互分离的，难以实现制造过程的有效集成。在虚拟制造系统中，需要采用综合的、各阶段都连贯一致的模型表示方法，使后续操作可以利用前阶段的模型数据。例如动态加工模型可以利用刀具和零件的几何形状模型数据进行碰撞分析。

（二）虚拟制造系统模型

虚拟制造系统模型实质上是真实制造系统要素的数字化表达，主要包括产品模型、过程模型和生产系统模型，又称 3P 模型。

（1）产品模型：目前描述产品模型的方法有产品三维几何模型、二维工程图以及产品结构明细表（Bill of Material，BOM）等，但这些模型均不能完整反映在产品设计、制造的各个阶段，不能动态跟踪在制造过程中产品的属性变化。虚拟制造系统的产品数据模型应支持制造过程中的全部活动，它应是一个完备的全信息模型。

（2）过程模型：制造过程模型包含了对产品功能有很大影响的一些关键属性信息。过程模型有多种形式，如基于理论的物理模型和数学模型。基于经验的统计模型，基于计算机的过程仿真模型，以及列举方法表达的图表和规则等。制造过程模型在虚拟制造中起着非常大的作用，但由于缺乏统一的方法来建立过程模型，因此成为虚拟制造的主要瓶颈。过程模型的有效表示是非常重要的，它提供了同虚拟制造环境的通信机制。

（3）生产系统模型（或设备资源模型）：生产系统模型必须具有静态和动态的描述能力。静态描述包括生产系统的能力和规模能否达到产品的设计性能要求，用于评价产品设计的可制造性或评定该生产系统的适用范围及柔性。动态描述表示系统的动态行为和实时状态，用于预测生产性能指标，例如估算生产周期、库存水平、等待时间及设备利用率等。

（三）建模的层次结构

不同的产品，其制造环境及制造活动的结构也不相同。图 2-16 所示为虚拟制造系统的递阶式建模结构。由图可见，虚拟制造系统模型

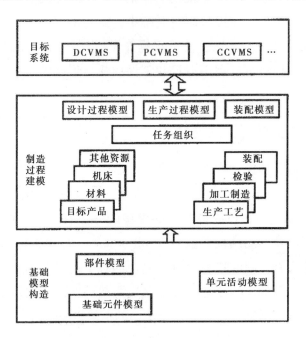

图 2-16

可以分为三层：目标系统层、虚拟制造过程模型层和基础模型构造层。

基础模型构造层用于建立描述制造过程及对象的基础模型。制造对象包括产品和制造设备，它们代表了制造中的物理实体，都是由一些基本形体和基础零部件组合生成。

过程是活动及活动关系的集合。产品开发制造过程是由各种活动描述的，活动模型代表各种人及真实系统的活动，这些活动模型具有可逐级分解和逐步求精的特点，单元活动模型为构造复杂的上层活动提供基础。虚拟制造过程模型层通过基础模型构建各种工程活动模型，如产品设计、生产过程、加工制造、检验、装配、生产管理等。为了实现制造活动的柔性化，还需要建立任务组织模型。

目标系统层是按照用户要求在过程模型支持下得到具体的系统。

二、面向对象的建模方法

面向对象（Object-Oriented or Object-Orientation，O-O）的概念来源于20世纪60年代挪威计算中心开发的SIMULA语言，到20世纪80年代，面向对象的基本概念及其支持机制得到进一步完善和应用，90年代面向对象技术走向繁荣阶段，表现为大批实用化的面向对象语言OOPL的涌现，如C＋＋等。现在，人们对面向对象方法的研究和运用，已经发展到用于系统的分析和设计，这标志着面向对象方法已经发展为一种完整的方法论和系统化的技术体系。

面向对象是一种知识表示方法学，它提供了从一般到特殊的演绎手段（如继承等），提供了从特殊到一般的归纳形式（如类等）。面向对象也是一种程序设计方法学，它基于信息隐蔽和抽象数据类型等概念，把系统中所有资源，如数据、模块以及系统都看作"对象"，每个对象都封装了数据（或属性）和方法（或操作）。

面向对象分析方法作为一种对于现实世界概念的抽象思维方式，自从被提出后，就受到学术界和工业界的广泛重视。由于其应用范围广，在不同的应用领域，其概念有不同的侧重点和特殊理解，但对于其基本特性和认识却始终是统一的。

（一）对象、类、消息与关联

（1）对象：任何客观世界中的事物都可以看做"对象"，对象是现实世界基本成分的一种抽象，它既可以是现实世界的实体，也可以表示某个概念。

对象是系统中基本的运行单元，它包括对象的属性（数据）和相应的操作、方法或服务。对象是属性和操作的封装体，外部不能访问对象的内部，只能通过接口驱动操作。

对象可以是系统中的物理实体，也可以是过程、活动或某些信息的集合。每个对象具有一个标识，用于区别不同的对象。

（2）消息：消息是对象之间的通信。消息可发给某对象，消息中包括要求该对象执行某种操作的信息。接收消息的对象收到消息后做出解释，并予以响应，这个过程称为消息传递。

（3）类：类（Class）是对一组相似的对象的抽象。一个类定义了一组对象的共同属性和操作，类的上层可以有许多超类，下层可以有许多子类，构成层次关系，子类可以继承其父类的全部描述，实现共享机制。

类作为一种抽象机制，是面向对象技术的重要特点之一。在一般软件系统中，类一般不是运行时的实体，但在某些应用中，例如面向对象数据库中，类是运行的实体，是实例对象的集合。

（二）面向对象方法的基本特征

（1）抽象性（Abstraction）：抽象是指从许多事物中舍弃个别的、非本质的特征，抽取其共同的、本质的特征。抽象是形成概念的必要手段。在分析问题中运用抽象原则具有两个意义，其一，尽管分析的对象很复杂，但分析中不需要了解和描述它们的所有细节，只需要分析研究与系统目标有关的事物及其本质性的特征即可；其二，通过舍弃个体事物的细节差异，抽取其共同特征而得到被研究事物的抽象概念。抽象原则是面向对象方法中使用最为广泛的原则。

（2）分类性（Classification）：分类就是把具有相同属性和处理过程的对象划分为相同的一类，用类作为这些对象的抽象描述。分类原则实际上是抽象原则运用于对象描述的一种表现形式。运用分类原则可以通过不同程度的抽象形成一般类或特殊类的结构（又称为分类结构），集中地描述对象的共性，清晰地表示对象与类的关系以及特殊类与一般类的关系，从而使系统的复杂性得到控制。

（3）关联性（Association）：关联是通过事物之间存在的某种联系，从一个事物联想到另外的事物，是人类思考问题时经常使用的思想方法，运用此原则可以在系统模型中明确对象之间的静态联系。

（4）组装（Composition）：组装又称为聚合（Aggregation），其原则是把一个复杂的事物看成若干简单的事物的组装体，从而简化对复杂事物的描述。运用组装原则可以形成类之间的整体—部分类结构，以递阶层次化的形式描述系统。

（5）继承性（Inheretance）：继承性是面向对象方法的重要特征之一，其原则是在每个由一般类和特殊类构成的一般—特殊类结构中，把一般类的对象实例和所有的特殊类对象实例都共同具有的属性和操作，在一般类中定义，而特殊类自动地、隐含地拥有其一般类（以及更上一层的一般类）中定义的全部属性和操作。继承性原则避免一般类和特殊类之间共同特征的重复定义；同时，也清晰地表达了每项共同特征属性和处理过程所适应的概念范围。运用继承性原则可以简化复杂系统模型并且使概念更加清晰。

（三）面向对象技术的表达方法

系统中的对象本身是封闭、独立的，但对象之间必须采用几种方法进行相互联系。在面向对象建模方法中，将这种联系称之为关联。

（1）组装结构：组装结构反映了对象间整体类与部分类，一般类与特殊类的结构关系，作为整体类的对象是一种复合对象。如图 2-17 所示为整体—部分类结构连接符，从三角形的顶点引出的连线连接到整体类，从三角形底边引出的连线连接到部分类。

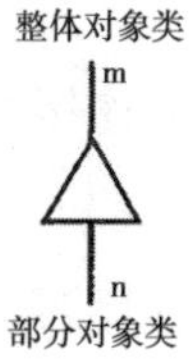

整体对象类

m

n

部分对象类

图 2-17

整体—部分类连接符两端所标示的数字或字母用于表明该结构中对象的多重性（Multiplicity）关系。所谓的多重性是指，位于连接符一端的对象要求连接符另一端多少个对象与自己进行整体—部分组合。靠近整体类的数字表明它的一个对象需要连接另一端几个对象实例来组成这个整体；靠近部分类的数字表明这个类的一个对象可以同时成为几个整体对象的组成部分。

一般—特殊类结构连接符如图 2-18 所示，从圆弧引出的连线连接到一般类，从直线上分出的连线连接到每个特殊类。

图 2-18

（2）实例关联：实例关联是对象之间属性值的一种相互依赖关系，或称实例对应。实例关联两类对象之间的连接为一具体的操作过程，我们采用带有一组属性的关联来描述这种操作过程。在具有实例连接关系的类（对象）之间画一条连接线把它们连接起来，连线的旁边引入关联的概念来描述实例连接的属性，并且用一组动词给出操作关系，进一步扩充关联的表达能力，使之能同时描述实例连接的属性和过程处理，如图 2-19 中的连接属性和连接操作。

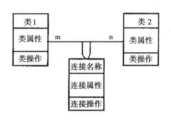

图 2-19

实例连接线两端所标示的数字，其方式和整体—部分类结构一样，可以是一个固定的数字、一个不确定的数字、一对固定的或不确定的数字。其含义也和整体—部分类结构一样，共有三种连接情况：一对一的连接、一对多的连接和多对多的连接。

（3）消息关联：消息关联是另一种对象间的关联方式。对象在协同工作时的相互通信关系就是消息关联。其表示方法如图 2-20 所示，其中图 2-20（a）表示同一个控制线程内部的消息连接，图 2-20（b）表示不同控制线程之间的消息连接。

消息关联与实例关联不同的是，消息关联具有方向性。发送方发消息给接收方，接收方根据自身的状态对消息做出响应。除了系统内对象之间的消息关联外，系统内的对象与外部也存在消息关联，例如系统内对象与人的消息关联就定义了人机界面的基本内容。

（4）主题：在面向对象分析中为了简化问题，常将问题域分解成

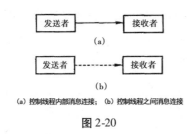

(a) 控制线程内部消息连接； (b) 控制线程之间消息连接

图 2-20

几个子域，称为主题（Subject）。一个主题是相互关系紧密的对象的集合。某些对象可以同时属于几个相关的主题，成为连接主题的桥梁。

（四）结构式对象建模方法

结构式对象建模方法是基于面向对象方法的封装、继承与关联特性，利用派生图、对象图、事件转移图和状态转移图四种模型描述系统的组成及关系。

派生图用树状图表示类的定义及继承关系，设计对象的类完全记录在派生图上。对象图、事件转移图和状态转移图是对各对象类的详细设计和描述，如图 2-21 所示。

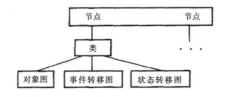

图 2-21

对象图描述系统中对象的结构，包括对象标识、属性及操作，对象模型用对象流图表示。

事件转移图表示一组相互关联的类对象中消息、事件的传递，它以时间为横轴，纵轴表示对象。整个事件转移图描述了不同的对象消息的接收。

状态转移图表示一个实体基于事件反应的动态行为、引起状态转移的事件及状态转移引起的动作。

三、基于 Agent 的建模方法

虚拟制造系统体现为仿真技术应用的集成化，是一个复杂的综合智能系统，需要进行分布式协同求解和系统全局的最优决策。

问题求解是建立虚拟系统的最终目的，归纳推理、演绎推理和推断推理是问题求解的基本方法。传统的信息处理技术能进行归纳推理和演绎推理有关的操作，较难进行与推断推理有关的操作。因为推断推理是基于知识、基于经验的感性知识和理性知识的结合。

在制造环境中，神经网络、遗传算法等新技术的引入，使许多机器和系统向决策智能化、行为自主化方向发展。另外，制造系统本身是一个人机混合系统。因此，从虚拟制造环境的仿真需求看，就需要能够表达出对象的主动性和智能行为。

为了表达出对象的主动性和智能行为，对对象的内涵进行扩展就产生了 Agent 的概念。基于 Agent 的仿真系统与基于对象技术的系统相比，在物理意义上更接近于实际系统。因此，Agent 可以作为对虚拟环境建模与仿真的有效工具，特别对大型的、复杂的系统仿真更能体现出面向 Agent 方法的优越性。

（一）Agent 的概念

Agent 是分布式人工智能（Distributed Artificial Intelligence）的一个基本术语，起源于 20 世纪 60 年代。其出发点是"把一些简单的信息系统集合起来，使之相互作用，以产生集团智能"。那时 Agent 的思想并未引起人工智能研究者的兴趣。到了 20 世纪 80 年代，由于智能技术的广泛应用以及计算机软硬件水平的提高，Agent 研究引起了人们的广泛重视。近年来，关于 Agent 理论的研究十分活跃，Agent 的应用研究也极为广泛，涉及工程技术的各个方面。

Agent 一词的含义极其丰富，但目前尚无被广泛接受的定义。其对应中文词有"智能体""代理"和"作用体"等，为充分表达原意，本书对 Agent 不做中文翻译。

人工智能界普遍认为 Agent 除了具有一般对象的概念外，还具有知识、能力、信念、承诺、目的、义务等含义，甚至给 Agent 赋予情绪，具有许多精神状态。

Agent 是将推理与知识表示相结合的能动实体。在一定环境下能独立自主地运行，作用于环境，也受环境影响，且能不断地从环境中获取知识以提高自己的能力。Agent 具有知识和知识获取与应用的能力、有与环境进行通信的能力及达到目标的事物处理的方法。

从应用角度出发，Agent 被认为是一个物理的或抽象的实体，可以表示为一个软件单元，能作用于自身和环境，并与其他 Agent 通信。它具有这样的特征：

（1）自主性（Autonomy）：Agent 可以在没有人或者其他 Agent 干预的情况下运作，而且对自己的行为和内部状态有某种控制能力。

（2）社交性（Sociability）：Agent 可以和其他 Agent 或人通过某种 Agent 语言进行交互。

（3）响应性（Reactivity）：Agent 对其环境（如物理世界、图形界面、其他 Agent）进行感知，并作出适当反应，对环境施加影响。

（4）预动性（Pre-Activeness）：Agent 不仅能够简单对环境做出反应，而且能够通过接收某些启发信息，体现出某种目标的定向行为。

因此，Agent 可以被视为一种特殊类型的对象。本质上，Agent 和对象一样，在形式上，也具有面向对象技术形式化系统中关于对象的描述，而且，对象和 Agent 都是通过消息传递建立计算过程的，但 Agent 的性能却大大超越了对象。

（二）Agent 结构

Agent 结构有多种形式，一般包括知识库、推理机、通信控制等模块。图 2-22 所示的 Agent 结构由通信控制器和问题求解器两部分组成。其中，通信控制器包含：①消息门：用来具体控制消息的传递；②消息解释器：对消息内容进行解释。

问题求解器包含：①问题求解管理模块：负责各 Agent 之间的合作与协调；②推理引擎和核心算法：对相应任务进行问题求解。

通信控制器主要作为连接各个 Agent 问题求解器的接口机制。消息门调节 Agent 之间的消息传输，并将消息传递给消息解释器。消息解释器将消息转换为相关信息并传递给问题求解器。问题求解管理模块将这些任务定义成能够求解的具体问题，然后分别或同时将问题指

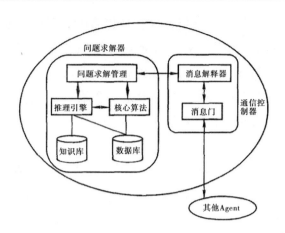

图 2-22

定给推理引擎、核心算法。推理引擎利用知识库以及数据库进行求解，而核心算法主要依赖数据库进行问题求解。在求解过程中，这两者可以进行交互以交换相关信息，所得结果再通过问题求解管理模块和通信控制器传递给其他 Agent。

Agent 的这种混合结构方式，将逻辑推理与数学计算结合起来，使其具有更强的问题求解能力。

（三）多 Agent 系统

只有多个 Agent 相互连接组成系统，才能体现出 Agent 的优势。在不同的实际应用背景和环境下，多 Agent（Multi-Agent）应用系统的结构及耦合程度也不相同。目前存在两类极端的 Agent 系统：一是神经元网络，它由一系列紧密耦合的、简单的非智能元件或表示知识的单元组成，每个元件或单元被视为一个 Agent，通过非同步的动作和通过"连接"的通信，合作单元能对数据做出灵活的反应；二是分布式问题求解系统，它是粗粒度的 Agent 系统，由自主的 Agent 松散耦合而成的分布式网。每个 Agent 能进行问题求解，能随环境的改变而修改自己的行为、规划，以及与其他 Agent 的通信、合作策略等。一般的 A-gent 系统都处在这两个极端之间，具有中等粒度。

在多 Agent 系统中，Agent 之间的相互协作是通过通信来实现的。Agent 之间有多种协作方法，每种方法适合一类特定的问题求解。概括起来，常用的有以下几种方式：

（1）集中控制：各 Agent 间的协作是确定的，由一个指定的 Agent 统一管理。

（2）黑板系统：黑板是一个共享的数据结构，通过访问黑板，实现 Agent 间的协作。

（3）异步通信：Agent 间的协作关系也是确定的，协作是通过 Agent 间相互传递消息控制的。

从本质上说，多 Agent 系统是一种协同求解方法，全局目标的实现是各个 Agent 相互协作的结果。每个 Agent 都有自己的目标，可以根据局部的知识解决问题，也能对外界的刺激实时作出反应。通过对当前状态和环境的了解，它不仅能处理外部输入，还能主动了解情况，实时地与外界交流。多 Agent 系统可以动态地重组以适应不同的需求，可以通过添加和删除 Agent 来更新系统，呈现高度的柔性化特征。

第五节　虚拟制造系统构造知识及设备

Lawrence Associate 于 1996 年提出将虚拟制造系统分为 3 类模式。

（1）以设计为中心的虚拟制造（Design Centered VM, DCVM）：提供设计工程师设计产品的设计工具和环境，如面向制造的设计（DFM），面向装配的设计（DFA）等并行式设计工具，以满足设计准则。

（2）以生产为中心的虚拟制造（Production Centered VM, PCVM）：提供开发和分析各种生产计划、过程计划和资源需求规划（如新设备采购等）的工具。

（3）以控制为中心的虚拟制造（Control Centered VM, CCVM）：提供从设计到制造一体化的虚拟环境，即为制造工程师提供在考虑车间和制造单元生产活动的情况下，评价产品设计、生产计划和控制策略，并提供在模拟的控制过程中改进它们的手段。

但实际上，上述分类还不能概括虚拟制造系统的各种类型，例如面向虚拟企业的虚拟制造系统和面向加工过程仿真的虚拟制造系统都具有各自的特点，笔者认为以加工为中心和以虚拟企业为中心的虚拟制造也是虚拟制造的重要模式，例如香港理工大学最近研制开发的虚拟精密加工系统就是以加工为中心的虚拟制造系统。当然由于虚拟制造在概念上强调全生命周期过程的仿真，因此实现多种模式的虚拟制造系统的集成，将是虚拟制造的发展趋势和最终目标。

虚拟制造系统是在一定的体系上构成和运行的，体系结构的优劣直接关系到虚拟制造实施技术的成败。一个合理的虚拟制造体系结构，不仅能把虚拟产品开发过程中的设计、制造及装配、生产调度、质量管理等环节有机地集成起来，实现产品开发全过程的信息、功能和过程集成，实施产品开发活动的并行运作，还可以充分体现人在生产活动中的能动性，达到人、组织、管理、技术的协同工作，同时也支持生产经营活动和生产资源的分布式特性，具有层次化的控制方法和"即插即用"的开放式结构，支持异地分布的制造环境下产品开发活动的动态并行运作。不同应用目标和应用环境下，虚拟制造系统的体系结构各有不同。

虚拟制造系统也可根据仿真对象的不同分为单机型和系统型两个模式。单机型虚拟制造系统也可称为微观型虚拟制造系统（Micro VM），它是针对某种加工或检测机器设备的过程仿真而设计的，例如虚拟数控（Virtual NC）、虚拟机器（Virtual Machine）或虚拟检验机（Virtual Inspection）。系统型虚拟制造系统，又称宏VM（Macro VM），它是针对生产系统或车间、工厂的过程仿真而设计开发的，例如以生产或以虚拟企业为中心的VM都属于此类。

根据虚拟制造系统与外界的联系，虚拟制造系统又可分为全封闭式与半封闭式两种，全封闭式VM不向外界真实物理对象发出控制信息，而半封闭式VM系统可以作为车间的监控器，接收来自车间的数据，并对它们进行翻译解释，经仿真后向外界真实世界提供控制信息。

分布式虚拟制造系统（Distributed Virtual Manufacturing System，DVMS）是指位于不同地理位置的多个用户或多个虚拟制造环境通过网络相连接并共享信息，达到仿真制造过程的目标。

虚拟制造系统要真实地仿真企业的行为，需要大量的计算和数据，因此必须采取分布处理方式，以充分利用分布式计算机系统的强大的计算能力。特别对于作为虚拟制造系统主要应用对象之一的虚拟公司，为了实现在任务、时间、地理位置多维空间上的并行作业，更需要多个伙伴企业通过网络进行协同设计和仿真。

分布式虚拟制造系统的主要特点如下：

（1）人员分布的广域性：通过 Internet/Intranet 连接的虚拟制造系统内的工程技术人员位于不同的地理位置。

（2）虚拟资源的分布性：工程人员共享虚拟产品开发所需的数据、知识、资源信息。

（3）仿真工具的分散性：工程人员可以使用位于不同网络终端上的工程应用工具和仿真工具。

（4）虚拟指令的远程性：工程人员可以遵照远程指令进行设计、工艺修改和版本维护。

（5）知识领域的多样性：各领域工程师可对产品设计方案对本领域的影响进行仿真评价。

分布式虚拟制造系统可支持多人实时通过网络进行交互，其主要功能要求如下：

（1）支持实时交互，共享时钟。一个节点对虚拟世界的操作，其他远程节点都可以看到。

（2）多用户多媒体通信方式。多个用户可以使用文字、图形、声音、手势等多种方式相互通信。

（3）共享虚拟工作空间及资源信息。

对分布式虚拟制造系统的性能需求主要是延迟和网络的带宽。由于计算量大，而且用户之间距离较远，因此延迟是不可避免的，但必须用尽量小的延迟（延迟时间＜100ms），以便使虚拟世界中的对象运动平滑自然。声音的延迟应接近或小于通常的电话会议系统。在同时具有用户声音与图像的场合，声音与图像的同步是很重要的特性。

网络带宽是影响虚拟世界规模和复杂度的决定性因素。当分布节点增加时，带宽需求也随之增加。分布式虚拟制造系统需要巨大的带宽来支持多个用户的视频、音频及 3D 模型的实时传送。

第三章　虚拟现实技术概述及建模

虚拟现实是在计算机图形学、计算机仿真技术、人机接口技术、多媒体技术以及传感技术的基础上发展起来的交叉学科，对该技术的研究始于 20 世纪 60 年代。直到 90 年代初，虚拟现实技术才开始作为一门较完整的体系而受到人们极大的关注。

用于虚拟现实应用系统建模的工具软件有很多，较为通用的建模软件有 3ds Max、Maya、OpenGL、AutoCAD 和 Cult3D 等，它们各具特点。还有专门为虚拟现实、视景仿真、声音仿真等使用的专用建模工具。在虚拟现实的实现设计中利用以上软件的各自优势，可形成不同方法虚拟环境，表达设计构思与创意。

第一节　虚拟现实技术概述

一、虚拟现实技术的概念与构成

对虚拟现实目前还没有一个固定的定义。《Webster's New Universal Unabridged Dictionary（1998）》对 Virtual（虚拟）的定义是"being in essence or effect，but not in fact."（在本质上或效果上存在，但在事实上却不存在）。

虚拟现实技术的定义可以归纳如下：虚拟现实技术是指利用计算机生成的一种模拟环境，并通过多种专用设备使用户"投入"到该环境中，实现用户与该环境直接进行自然交互的技术；VR 技术可以让用户使用人的自然技能对虚拟世界中的物体进行考察或操作，同时提供视、听、触摸等多种直观而又自然的实时感知。可见，虚拟现实的概念包括人、机、环境三个部分。

（1）"人"是指参与者的头部转动、眼睛、手势或其他人体行为动作，由计算机来处理与参与者的动作相适应的数据，对用户的手势、口头命令等输入作出实时响应，并分别反馈给用户，使用户有身临其境的感觉，成为该模拟环境中的参与者，还可以和在该环境中的其他参与者打交道。

（2）"机"是指计算机系统与三维交互设备，常用的有立体头盔、数据手套、三维鼠标、数据衣等穿戴于用户身上的装置，此外还有设置于现实环境中的传感装置，如摄像机、各种传感器等。

（3）"环境"就是由计算机生成的一个能给人提供视觉、听觉、触觉、嗅觉以及味觉等感官刺激的逼真世界，可以是某一特定现实世界的真实实现，也可以是虚拟构想的世界。

一个典型的虚拟现实系统主要由 6 大部分组成：虚拟现实计算机生成及处理系统、应用软件系统、与虚拟现实技术相关的理论技术、输入输出人机接口装置、用户和数据库等。VR 系统的体系结构如图 3-1 所示。

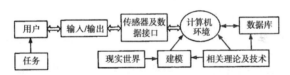

图 3-1

在虚拟现实系统中，计算机负责生成虚拟世界和实现人机交互。由于虚拟世界本身具有高度的复杂性，使得生成虚拟世界所需的计算量极为巨大，因此对虚拟现实系统中计算机的配置提出了极高的要求。由此可见，计算机是 VR 系统的心脏。为了实现人与虚拟世界的自然交互，就必须采用特殊的输入输出设备，以识别用户各种形式的输入，并实时生成相应的反馈信息，实现人与计算机的对话。相关理论及技术提供建立虚拟环境必需的理论方法、实现技术等，可完成的功能包括：虚拟世界中物体的几何模型、物理模型、行为模型的建立，三维虚拟立体声的生成，模型管理技术及实时显示技术，虚拟世界数据库的建立与管理等几个部分。虚拟世界数据库主要用于存放整个虚拟世界中所有物体的各个方面的信息。最终制作出来的虚拟现实系统提供给用户应用。

虚拟现实所涉及的关键技术主要有：大规模数据的场景三维建模技术；动态实时的立体视觉、听觉等生成技术；三维定位、方向跟踪、触觉反馈等传感技术和设备；符合人类认知心理的三维自然交互技术；三维交互软件及系统集成技术等。

虚拟现实是一项综合集成技术，涉及计算机图形学、人机交互技术、传感技术、人工智能、计算机仿真、立体显示、计算机网络、并行处理与高性能计算等技术和领域，它用计算机生成逼真的二三维视觉、听觉、触觉等感觉，使人作为参与者通过适当的装置，自然地对虚拟世界进行体验和交互作用。2009 年 2 月，美国工程院评出 21 世纪 14 项重大科学工程技术，虚拟现实技术是其中之一。

虚拟现实技术的发展尚处于起步阶段。它的发展，对于推动科学技术的进步以及人类文明的发展将产生深远的影响。它在力学、医学、通信、教育、军事、航空航天和工农业生产等领域都将产生至关重要的作用。

二、虚拟现实技术的基本特性

虚拟现实是人们通过计算机对复杂数据进行可视化、操作以及实时交互的环境。与传统的计算机人机界面（如键盘、鼠标、图形用户界面以及流行的 Windows 等）相比，虚拟现实无论在技术上还是思想上都有质的飞跃。传统的人机界面将用户和计算机视为两个独立的实体，而将界面视为信息交换的媒介，由用户把要求或指令输入计算机。计算机对信息或受控对象做出动作反馈。虚拟现实则将用户和计算机视为一个整体，通过各种直观的工具将信息进行可视化，形成一个逼真的环境，用户直接置身于这种三维信息空间中自由地使用各种信息，并由此控制计算机。

美国科学家 G. Burdea 和 Philippe Coiffet 曾在 1993 年世界电子年会上发表的 "Virtual Reality System and Applications" 一文中，提出一个"虚拟现实技术的三角形"，它明确地表示了虚拟现实技术具有的三个突出特征：

（1）交互性（Interaction）。是指参与者对虚拟环境内物体的可操作程度和从环境中得到反馈的自然程度（包括实时性）。这种交互性的产生，主要借助于各种专用的三维交互设备（如头盔显示器、数据手套、力反馈装置等），使人们通过自然的方式，产生如同在真实世界中一样的感觉。例如用户转动头部时，虚拟环境中的景物就会随用户视角的变动而变动，用户可以用手去直接抓取模拟环境中的物体，且有抓取东西的感觉，甚至还可以感觉到物体的重量，现场中被抓起的物体也应随着用户手的移动而移动。

人机交互是指用户与计算机系统之间的通信，它是人与计算机之间各种符号和动作的双向信息交换。这里的"交互"定义为一种通信，即信息交换，而且是一种双向的信息交换，可由人向计算机输入信息，也可由计算机向使用者反馈信息。这种信息交换的形式可以采用各种方式出现，如键盘上的击键、鼠标的移动、现实屏幕上的符号或图形等。人机界面（也称为用户界面）是指人类用户与计算机系统之间的通信媒体或手段，它是人机双向信息交换的支持软件和硬件。

（2）沉浸性（Immersion）。又称临场感或存在感，是指用户感觉到好像完全置身于虚拟世界之中一样，被虚拟世界所包围，使用户感到作为主角存在于虚拟环境中的真实程度，是虚拟现实技术最主要的技术特征。导致沉浸性的原因是用户对计算机环境的虚拟物体产生了类似于对现实物体的存在意识或幻觉。理想的模拟环境应该达到使用户难以分辨真假，如实现比现实更逼真的照明和音响效果；如天文学专业的学生可以在虚拟星系中遨游；英语专业的学生可以在虚拟剧院观看莎士比亚戏剧。用户觉得自己是虚拟环境中的一个部分，而不是旁观者，感到被虚拟景物所包围，可以在这一环境中自由走动，与物体相互作用，如同在现实世界中一样。

（3）构想性（Imagination）。是指虚拟的环境是人想象出来的，同时这种想象体现出设计者相应的思想，因而可以用来实现一定的目标。构想性是指设计开发者的想象力。由于虚拟现实技术的应用领域很广，能解决在工程、医学、军事、娱乐等方面的问题，这些应用极大地依赖于人类的想象力，去模拟现实世界，甚至创造一个全新的虚拟世界。

第二节 虚拟现实建模及系统开发

一、虚拟现实系统的基本要求

建立一个完善实用的虚拟现实系统，需要解决以下 4 个问题：

（1）系统硬件。VR 技术的一个重要特点是通过仿真为被试提供一个虚构的但能反映对象变化的环境，这需要大量的数据处理。一般来说，人脑检测延迟的阈值约 10ms，所以 VR 系统要求的延迟应低于 10ms。从目前技术看，要实现低于 10ms 的延时，处理器速度需达到 90Mips（每秒百万条指令）。因为延迟越长，系统越不逼真。另外，使用多边形越多，视景效果越真实，但是增加多边形，会使其延迟时间拉长，这样，视景生成对计算机的计算处理速度和显示器的要求更高。

（2）环境生成工具 。构造虚拟现实环境要通过环境生成工具来实现。计算机图像处理中智能性图形特征分析与推理及图形模块相互作用和处理，是虚拟现实技术的一个首要环节。目前这种环境生成工具专用性很强，尚不具有通用性。

（3）三维图像处理技术。虚拟系统的视景环境由计算机通过三维图像处理用立体图像方式表现出来，同时根据研究要求和约束条件，完成实验所用的三维显示界面。它是根据数学和视觉原理用小多边形构造出来的。例如，据估计，建立载人航天器和它的对接机构形状、载人状态与着陆场等逼真的虚拟环境，需要的图像生成速度为 8 000 万 Triangles/s。这就要有专门的数学模型和仿真软件，而这正是三维图像处理的主要内容。

（4）系统性能。评价建立的 VR 系统是否实用，其中一个重要的评价指标是逼真度（即与所研究对象的吻合程度）。现有的评价方法包括两个方面：一是对系统进行测试，将结果与所研究对象的实际参数或数据进行比较；二是对仿真模型进行主观定性评价。对于 VR 系统，目前尚无有效手段客观评价其逼真度，多是依据主观定性评价。

因此，发展客观检测方法进行评价也是亟待解决的重要问题。

虚拟现实系统的软硬件价格是较高的。为此，根据不同的用途和需要，可配置不同的系统，适当的沉浸深度的虚拟环境才不会使系统过于复杂及成本、维护的负担过重。例如，用于汽车外形造型设计的系统，重点在显示高质量的立体图像，而听觉和触觉的要求很低，用普通鼠标进行操纵即可，实时性也要求不高。再如，零件装配模拟中，除了图像外，可操纵性要求较高，可配备 6 自由度鼠标和数据手套等。在车辆、飞机模拟训练等虚拟现实系统中，要求有宽阔的视野、实时的操纵系统、逼真的声响效果。不仅要快速响应人们的操纵信号，还要实现人们对力、位移等的触觉反馈的仿真。

二、应用系统开发的概念模型

VR 开发系统都是按照面向对象原理，采用 C 或 C++ 等面向对象语言和相应数据库及工具开发设计的。

虚拟现实开发系统都可以分为 3 个层次，底层是各种通用工具包和数据库，其中包括各种通用 VR 硬件装置（头盔、数据手套、三维鼠标等）驱动程序和支持数据分配通信和交互作用的软件包。第二层是各种虚拟对象生成工具，用于生成各种虚拟对象。大多数开发系统还为用户提供一种对象建模语言（Object Modeling Language，OML），用于描述空间三维地貌和三维对象，并可有效地检测出三维对象的碰撞现象。虚拟开发系统的最高层是虚拟环境管理层（Virtual Environment Manager，VEM），它可以在单用户或联网情况下，根据用户要求启动和连接用对象建模语言描述的对象，形成一定环境条件下的虚拟现实世界。用户要求的环境条件用描述文件表示，其中包括设备配置及对象原型文件。对象原型文件是记录对象几何框架代码和纹理的文件。

VR 开发系统大都提供工具箱和编辑工具，使开发人员采用菜单和图标方式编辑虚拟现实环境，并能和应用系统一样，通过头盔显示器或屏幕观察编辑结果，用鼠标、操纵杆等输入编辑命令。例如，从物体库选择物体，并把它放到虚拟现实中，然后根据需要改变其特征，并观察编辑结果。

一个成功的 VR 开发系统应具备以下特征：

（1）实时性。虚拟现实应用系统的质量取决于图像对用户动作的反应。从用户动作到图像输出的滞后时间必须最小，以满足实时交互和图像显示的光滑性要求。

（2）灵活性。虚拟现实是一种发展变化很快的交互技术。因此，虚拟现实开发工具必须能迅速适应硬件和软件的变化，支持新的设备，提供新的交互手段。

（3）支持分布式应用。目前所构造的虚拟现实系统大多需要多台微型机或工作站协同工作，例如，当使用两台工作站时，一台工作站产生头盔显示器的图像，另一台工作站处理待显示的信息。这种分布处理应由虚拟现实开发工具来完成。

三、几何建模

在构造物体几何模型时，要考虑坐标系、基元和组织结构。坐标系可选在被观察物的中心，由惯性主轴和正交方向组成坐标系；也可选择观察点作为坐标原点，但因观察点很多，模型的存储信息量过大。

基元有面基元（二维基元）和体基元（三维基元）两类，基元间的连接可以用矩阵、树或网络表示。物体的结构表示法有表面/边界表示法、广义锥法和体积表示法。表面/边界表示法通过边界面或边界线表示物体。广义锥法用二维截面沿空间曲线运动形成的扫描体表示物体。体积表示法直接用体基元表示物体，用基元体（块、柱、锥、球）的布尔运算集生成物体。

复杂几何模型采用分层结构。将对象分解成若干层子对象，整个对象的几何模型由子对象模型及其连接表示，例如人的模型由头和身体组成，身体模型由躯体，左、右臂，左、右腿模型构成；左、右臂模型又由上臂、小臂、手腕 3 层结构构成。在分层结构中，子对象位置和方向的变化可生成不同姿态的动作。

几何建模描述虚拟对象的形状以及对象的外表（纹理、表面反射系数、颜色）。

（一）对象形状

对象形状（Object Shape）能通过 PHIGS、Star base 或 GL．XGL
等图形库从头创建。但开发一个完整的三维数据库费时费工，一般都
要利用一定的建模工具。最简便的就是使用传统的 CAD 软件，如 Au-
toCAD 或 3D Studio，交互地建立对象模型。当然，得到高质量的三维
数据库的最好方法，是通过使用专门的 VR 建模工具。

（二）对象外表

虚拟对象的外表真实感主要取决于它的表面反射和纹理。以前，
提高一个对象感的主要办法是增加物体的多边形。在需要实时仿真时，
增加多边形会使图形速度变得缓慢。现代图形硬件平台具有实时纹理
处理能力，允许二维的图像数据覆盖到多边形上。这意味着在维持图
形速度的同时，可用少量的多边形和纹理增强真实感。纹理中的最小
元素被称为纹理元素（texel）。每个纹理元素由红、绿、蓝、亮度和
Alpha 调制组成。Alpha 调制表示纹理透明度的成分。

纹理给 VR 仿真带来了许多好处：第一，它增加了细节水平以及
景物的真实感；第二，由于透视变换，纹理提供了更好的三维线索；
第三，纹理大大减少了视景多边形的数目，因而提高了刷新频率。

纹理生成方法有两种：一是用图像绘制软件交互地创建编辑和储
存纹理位图；二是用数码相机拍下所需的纹理。目前，已有商品化的
纹理数据库出售。很多高级的图形硬件平台，通过提供复杂的实时纹
理硬件来提高真实感。

四、运动建模

对象位置的变化（或观察者位置的变化）会引起对象视景的移
动、伸缩和旋转，图形图像生成器就要不断地根据对象的运动模型对
视景进行相应地变换。

运动图像的生成可以采用关键帧法和样条驱动画法。关键帧
（Key Frame）法是首先生成运动轨迹上的部分关键画面，然后用插值

法生成中间帧画面。影响图像的参数，如位置、旋转角、纹理等都可作为插值参数。样条驱动画法由用户指定物体运动的轨迹样条，根据运动向量由初始图像生成运动图像序列。

变形物体的生成方法是运动建模中的另一个困难而重要的问题。变形物体的生成方法大多是通过移动或控制物体顶点来实现的。例如在物体进行缩放或旋转时，将变换矩阵用顶点坐标的位置函数代替，或用位置—时间函数代替，就可实现整体或局部变形。Lazarus 等提出了基轴变形方法。用户首先定义一条三维轴线，根据变形的需要，这条轴线可以有任意形状并可进行编辑修改，然后将轴线变形传给物体，从而转化为物体的变形。该方法曾用于软件中控制鱼的游动，取得了很好的效果。

仅仅建立静态的三维几何体对 VR 来讲还是不够的。在虚拟环境中，需要用物体的位置改变、碰撞、捕获、缩放、表面变形等来描述物体的特性。

五、物理建模

虚拟对象物理建模包括定义对象的质量、重量、惯性、表面纹理（光滑或粗糙）、硬度、形状改变模式（橡皮带或塑料）等，这些特性与几何建模和行为规则结合起来，形成更真实的虚拟模型。

在定义了虚拟对象的外观和运动特性之后还应当定义对象的质量、惯性、表面光滑度或粗糙度、软硬度和形状变形模式，这些就是对象的物理模型。

例如，力觉反馈手套的虚拟手控制系统，当用虚拟手握住一个物体时，在计算机控制下，通过对手指的运动产生阻尼，从而使操作者的手产生力感。阻尼力的大小由被抓物体的质量、软硬度等物理属性决定。当触及硬质表面时，操作者手的力感用阻尼力从低阻抗到高阻抗的突变来描述。

第三节 虚拟现实技术与其他技术的交叉

一、虚拟现实技术的形成与发展

虚拟现实的技术可以追溯到军事模拟。最初的模拟是用来训练飞行员能熟悉地掌握平时和紧急情况下的飞行环境。其实际的训练是通过将飞行员放在一个虚拟的环境中来完成的。这种模拟不仅用来培训喷气式飞机的飞行员，还可以用来培训操纵坦克、武器和其他设备的军事人员。艾德温·林克（Edwin A. Link）是飞行模拟器的先驱。1929 年，他运用相关技术制作了一台飞行训练器，可提供俯仰、滚转与偏航等飞行动作，乘坐者的感觉和坐在真的飞机上是一样的。这是世界上最早的飞行模拟器，因为模拟座舱被漆成蓝色，所以被称作"蓝盒子"。在第二次世界大战期间，Link 生产了上万台的"蓝盒子"，被用来培训新飞行员，大约有 30 多个国家的 50 万名飞行员在林克机上进行过训练。

用户面对投影屏幕，摄像机摄取的用户身影轮廓图像与计算机产生的图形合成后，在屏幕上投射出一个虚拟世界，同时用传感器采集用户的动作，来表现用户在虚拟世界中的各种行为。以 VIDEOPLACE 为原型的 VIDEO-DESK 是一个桌面 VR 系统。用户坐在桌边并将手放在上面，旁边有一架摄像机摄下用户手的轮廓并传送给不同地点的另一个用户，两个人可以相互用手势进行信息交流。同样，用户也可与计算机系统用手势进行交互，计算机系统从用户手的轮廓图形中识别手势的含义并加以解释，以便进一步地控制。诸如打字、画图、菜单选择等操作均可以用手势完成。VIDEOPLACE 对于远程通信和远程控制很有价值，如用手势控制远处的机器人等。

1983 年，美国国防部高级研究计划局和美国军队联合实施了仿真网络计划，通过网络把地面车辆（坦克、装甲车）等模拟器连接在一起，形成一个逼真的虚拟战场. 进行队组级的协同作战训练和演习。这个尝试的主要动因是为了减少训练费用，而且也为了提高安全性，另外也可减轻对环境的影响（爆炸和坦克履带会严重破坏训练场地）。这项计划的结果是产生了使在美国和德国的二百多个坦克模拟器联成一体的 SIMNET 模拟网络，准确地复现了当地的地形特点。到 1990年，这个系统包括了约 260 个地面装甲车辆模拟器和飞机飞行模拟器，以及通信网络、指挥所和数据处理设备等，这些设备和人员分布在美国和德国的 11 个城市。通过这个系统可以训练军事人员和团组，也可对武器系统的性能进行研究和评估。分布交互式仿真也称为先进分布仿真，是指以计算机网络为支持. 用网络将分布在不同地理位置的不同类型的仿真实体对象联结起来，通过仿真实体之间的实时数据交换构成一个时空一致、大规模、多参与者协同作用的综合性仿真环境，以实现含人平台、非含人平台间的交互以及平台与环境间的交互，其主要特点体现在分布性、交互性、异构性、时空一致性和开放性等五个方面。

1984 年，麦格里威和哈姆弗瑞斯开发了虚拟环境视觉显示器。将火星探测器发回地面的数据输入计算机，构造了三维虚拟火星表面环境。

不断提高的计算机硬件和软件水平，推动虚拟现实技术不断向前发展。1985 年，加州大学伯克利分校的麦格里威研制出一种轻巧的液晶 HMD，并且采用了更为准确的定位装置。同时，Jaron Ianier 与 J. Zimmermn 合作研制出一种称为 Data（Hove 的弯曲传感数据手套，用来确定手与指关节的位置和方向。1986 年，美国航空航天管理局 NASA 下属的研究中心的 Scott Fisher 等人，基于头盔显示器、数据手套、语音识别与跟踪技术研制出一个较为完整的虚拟现实系统 VIEW，并将其应用于空间技术、科学数据可视化和远程操作等领域。VIEW 是一个复杂的系统，VIEW 的声音识别系统可让使用者用语言或声音向系统下达命令。1987 年，美国 Scientific American 发表文章，报道了一种称为 DataGlove 的虚拟手控器。DataGlove 是由 VPL 公司制造的一种光学屈曲传感手套，手套的背面安装有三维跟踪系统，这种手套可以确定手的方向以及各手指弯曲的程度。该文引起了公众的极大兴趣。

"Virtual Reality" 一词是美国 VPL Research 公司的创始人 Jaron Lanier 在 1989 年首先提出的，其含义是指"在计算机产生的三维交互环境中，用户获得融入这个环境的体验"。但 VR 技术的形成源于计算机图形仿真器（如飞行仿真器）。美国学者 Ivan Sutherland 1968 年在哈佛大学提出头盔显示器的概念，但受限于当时软、硬件技术水平，直到 20 世纪 80 年代中期 VR 技术才开始逐步兴起。

1993 年 VR 装置大量进入市场。在短短的 1 年内世界市场上就出现了 800 多个应用系统，其中用于仿真的最多，共有 73 个，其他的依次为可视化 67 个、教育 66 个、训练 65 个、娱乐 65 个、图形 64 个、军事 52 个、航天 50 个、医疗 49 个、遥控机器人 39 个等。

随着软、硬件技术的发展，VR 设备的价格也不断下降，1997 年 VR 跟踪球的价格从 1 000 美元降到 200 美元，头盔显示器的价格也从 6 000 美元降到了 500～1 000 美元，更促进了 VR 技术的发展与推广。

增强现实（Augmented Reality，AR），又称增强型虚拟现实（Augmented Virtual Reality），是虚拟现实技术的进一步拓展，增强现实技术具有虚实结合、实时交互、三维注册的新特点，是正在迅速发展的新研究方向。

虚拟现实技术带来了人机交互的新概念、新内容、新方式和新方法，使得人机交互的内容更加丰富、形象，方式更加自然、和谐。虚拟现实技术的一些成功应用越来越显示出，进入 21 世纪以后其研究和应用水平将会对一个国家的国防、经济、科研与教育等方面的发展产生更为直接的影响。因此，自 20 世纪 80 年代以来，美、欧、日等发达国家和地区均投入大量的人力和资金对虚拟现实技术进行了深入的研究，使之成为了信息时代一个十分活跃的研究方向。

虚拟现实技术是一个综合性很强的、有着巨大应用前景的高新科技，已引起政府有关部门和科学家们的关心和重视。国家攻关计划、国家 863 高技术发展计划、国家 973 重点基础研究发展规划和国家自然科学基金会等都把 VR 列入了重点资助范围。我国军方对 VR 技术的发展关注较早，而且支持研究开发的力度也越来越大。国内一些高等院校和科研单位，陆续开展了 VR 技术和应用系统的研究，取得了一批研究和应用成果。其中有代表性的工作之一是在国家 863 计划支持下，由北京航空航天大学虚拟现实与可视化新技术研究所（现虚拟现实技术与系统国家重点实验室）作为集成单位研究开发的分布式虚拟环境 DVENET（Distributed Virtual Environment NET Work）。DVENET以多单位协同仿真演练为背景，全面开展了 VR 技术的研究开发和综合运用，初步建成一个可进行多单位异地协同与对抗仿真演练的分布式虚拟环境。

二、虚拟现实技术的研究意义

就虚拟技术而言，在许多研究领域，诸如航天、军事、医学、教育等领域，具有重大的意义。应用虚拟现实技术，不但可以使得计算机仿真方法得到完善与发展，而且也将大大提高设计与试验的逼真性、实效性和经济性，具体表现在如下几个方面：

（1）人机界面具有三维立体感，使得环境的效果更加逼真，画面更加友好。

（2）继承了现有计算机仿真技术的优点，具有高度的灵活性。

（3）突破环境限制。运用计算机技术人为地制造出虚拟的环境，不论是真实的，还是想象的。许多不存在的世界变得似乎不再遥远，可以为我们所掌握了，人类可以影响操纵的空间也似乎增大了许多。这种情况目前在三维游戏中比较常见。

（4）节省研究经费。对于某种不可知的研究设计，运用虚拟技术模拟出该设计，在一种虚拟的环境下研究设计可行性，再付诸于真实的行动，使得研究可能按照更加良性的方向发展下去，研究本身也大大避免了浪费的可能性。比如汽车碰撞保护的研究，若是可以大量应用虚拟技术实现测试，一定比一辆一辆地撞毁汽车更加节省研究经费。

（5）模拟高危险性工作，降低人身伤害的机会。

三、虚拟现实的关键技术

VR 技术具有广阔的应用前景，但目前尚处于初级阶段。对 VR 技术的要求主要体现在实物虚化、虚物实化和高性能计算机处理技术三个方面。

（1）实物虚化。实物虚化是将现实世界多维信息映射到数字空间，生成相应的虚拟世界。它包括基本模型构建、空间跟踪、声音定位、视觉跟踪和视点感应等关键技术。这些技术使得真实感虚拟世界的生成、虚拟环境对用户操作的检测和操作数据获取成为可能。

（2）虚物实化。确保用户在虚拟环境中获取视觉、听觉、力觉和触觉等感官认知的关键技术，是虚物实化的主要研究内容。

（3）高性能计算机处理技术。虚拟现实是以计算机技术为核心的现代高新技术，因此，计算速度、处理能力、存储容量和联网特性等特征的高性能计算处理技术也是直接影响 VR 系统性能的关键因素。

实现实物虚化、虚物实化和高性能计算机处理所涉及的虚拟现实的关键技术可以包括以下几个方面：

（1）动态环境建模技术。动态环境建模技术的目的是获取实际环境的三维数据，并根据应用的需要，利用获取的三维数据建立相应的虚拟环境模型。三维数据的获取可以采用 CAD 技术（有规则的环境），而更多的环境则需要采用非接触式的视觉建模技术，两者的有机结合可以有效地提高数据获取的效率。基于图像的建模技术和混合建模技术的步骤是需要考虑的问题。

（2）立体声合成和立体显示技术。在虚拟现实系统中，如何消除声音的方向与用户头部运动的相关性已成为声学专家们研究的热点。同时，虽然三维图形生成和立体图形生成技术已经较为成熟，但复杂场景的实时显示一直是计算机图形学的重要研究内容。

（3）传感器技术。虚拟现实的交互能力依赖于传感器技术的发展。现有的虚拟现实还远远不能满足系统的需要，例如，数据手套有延迟大、分辨率低、作用范围小、使用不便等缺点；虚拟现实设备的跟踪精度和跟踪范围也有待提高。

（4）应用系统开发工具。虚拟现实应用的关键是寻找合适的场合和对象，即如何发挥想象力和创造力。选择适当的应用对象可以大幅度地提高生产效率，减轻劳动强度，提高产品开发质量。为了达到这一目的，必须研究虚拟现实的开发工具。例如，虚拟现实系统开发平台、分布式虚拟现实技术等。

（5）系统集成技术。由于虚拟现实中包括大量的感知信息和模型，因此系统的集成技术起着至关重要的作用。集成技术包括信息的同步技术、模型的标定技术、数据转换技术、数据管理模型、识别和合成技术等。

第四章　虚拟现实原理及应用

随着计算机技术、网络技术等新技术的高速发展及应用，虚拟现实技术发展迅速，并呈现多样化的发展势态，它涉及计算机图形学、人机交互技术、传感技术、人工智能、计算机仿真、立体显示、计算机网络、并行处理与高性能计算等技术和领域，是一项综合集成技术。它用计算机生成逼真的三维视觉、听觉、触觉等信号，使人作为参与者通过适当的装置和设备，能够体验逼真的虚拟世界并与之进行交互。某种意义上说它将改变人们的思维方式，甚至会改变人们对世界、自己、空间和时间的看法。

本章介绍虚拟现实的基本原理与技术，如计算机立体显示技术是为了产生具有沉浸感的虚拟环境，碰撞检测技术是实现人与虚拟环境交互的基础。

第一节　虚拟现实的基本原理

一、虚拟现实的特征及基本构成

虚拟现实是一种可以创建和体验虚拟世界（Virtual World）的计算机系统。虚拟世界是全体虚拟环境（Virtual Environment）或给定仿真对象的全体。虚拟环境是由计算机和电子技术生成的，通过视觉、听觉、触觉等作用于用户，使之产生身临其境感觉的交互式视景仿真。

因此，从根本意义上来看，可以将虚拟现实技术视为交互式仿真技术的高级形式。与传统的一般交互式仿真的主要区别在于：

（1）信息多维性。VR 基于多维信息而不仅仅基于数字信息，包括声音、图像、图形、位姿、力反馈、触觉等。

（2）人机交互的自然性。传统人机交互系统借助于键盘、鼠标或专用的控制设备（如各类训练仿真系统），用户发出指令，机器执行指令，人适应计算机。VR 强调的是计算机适应人，计算机可以识别人的位姿、手势，甚至人机可以"会话"，头盔、数据手套、数据衣等成为人机自然交互的基本手段。

（3）理想的 VR 应达到人在虚拟环境中如同在真实环境中"一样"或"接近一样"的感觉，即除了三维视景感觉外，还具有自动定位的听觉、触觉、力觉、运动等感知，甚至具有味觉、嗅觉等。

（4）计算机系统除了计算功能外，还能表现出具有知识、智能等功能。

沉浸：VR 追求的目标是力图使用户在计算机产生的三维虚拟环境中有身临其境感，在环境中的"一切"看上去是真的，听起来是真的，动起来是真的，用户觉得自己是环境中的一部分，如同在已有经验的现实世界中一样，而不是旁观者。

根据上述 VR 的定义及其基本特征可以看到，VR 系统是一个十分复杂的系统，它所涉及的技术包括计算机图形学、图像处理与模式识别、智能接口、人工智能、多传感器、语音处理与音响、网络、并行处理、系统建模仿真、系统集成等。为了实现这些基本特征，VR 的结构可用图 4-1 表示。

从图 4-1 中可以看出，典型的虚拟现实系统由以下 3 个部分构成。

（1）虚拟环境产生器。虚拟环境产生器是虚拟现实系统的主要部分，其目标是为用户产生虚拟环境并实现运行管理。它由两部分构成：应用系统和计算机系统。

（2）效果产生器。效果产生器主要包括头盔显示器、位置与方向跟踪器、三维声音处理器、触觉/力反馈装置等。

（3）接口设备。接口设备既包括硬设备，也包括软设备（接口软件），也有文献将它分别归类到效果产生器或虚拟环境产生器。如将计算机产生的图像转换成 LCD 图像的转换器，位置与方向跟踪系统的信号转换器，以及数据手套的输入控制设备等。

总之，VR 涉及的内容非常广泛。由于篇幅的限制，本书只能就

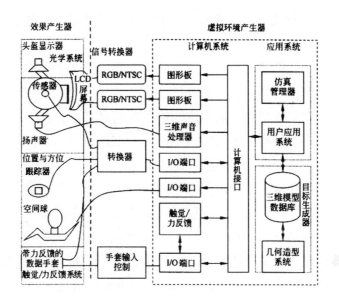

图 4-1

VR 的一些主要技术进行初步介绍。在以后的几节中，我们将分别讨论以下内容：首先就 VR 技术的发展历程进行概括性介绍，然后讨论 VR 中的基本技术，如位置跟踪通道、视觉通道、听觉通道、触觉/力反馈、虚拟场景的生成等，最后对虚拟现实技术进行简短的小结。

二、立体透视投影

立体视觉是人们感觉到空间立体感的主要原因。人两眼观察物体看到的图像类似于物体在平面上的透视图像。然而，人的两眼观察物体看到的透视图像是有差别的，如图 4-2 所示。

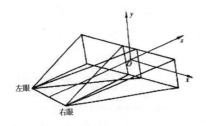

图 4-2

人的两眼视域分别是两个不同的锥体，两个锥体有一定重合。人脑通过融合两眼的透视图像得到具有深度感的立体景象。人脑大约可以判断 30m 的深度，超出 30m 的物体，左右两眼捕获的透视图像的差别非常小，因而难以判断深度。

立体图产生的基本原理是通过深度信息的恢复来实现的，对同一场景分别绘制出两幅对应于左右双眼的不同图像，它们具有一定视差，从而保存深度立体信息。景物空间的深度信息是通过左右视线的空间交点感觉到的。具有立体感的两维图像是根据单视点来计算的，当用户直接观察计算机显示器上的图像时，左右视线交于屏幕上的同一点。尽管这些图像经过了透视、消隐等三维处理，由于未能保存深度信息，所以不能给用户完全的立体深度感。立体图绘制则是对同一场景用左右两个视点分别计算其透视图，产生两幅具有一定视差的图像，然后借助立体眼镜等设备，使左右两眼只能看到与之相对应的图像，视线相交于三维空间中的一点上，从而恢复三维深度信息。

三、简单的三维建模

多面体的表面为多边形，而多边形的图形渲染在计算机图形系统中是最基本的，因而多面体是虚拟现实中最普遍、最简单的三维立体模型。多面体的计算机模型中，需要建立顶点、边和表面的数据结构。模型中既要有顶点的位置和法矢信息，又需要顶点、边和表面之间的连接关系。

（一）多边形网格

多边形网格是一个顶点、边的集合。多边形相互连接，使得每条边至多被两个多边形共享，每条边连接了两个顶点，多边形是一个封闭的边序列。多边形网格是一个多边集合、各边相互连接而包围起来的平面。由平面包围起来的物体，如方盒子、橱柜和建筑物外表，都能很自然、简单地表示为多边形网格。多边形网格也可以用来近似具有弯曲表面的物体。用多边形网格来近似表达弯曲对象的横截面，通过增加多边形的边数，可以使近似误差任意小，但是这增加了算法需要的存储空间和执行时间。

（二）简单物体的显示

通过顶点表（表4-1），可以构造边表。但是为了显示物体，除了顶点和边之外，还需要知道面的信息（表4-2）。为了避免重复（根据欧拉公式）和方便，常见的规则是利用顶点指针和面指针. 并利用面法矢来清晰地表示曲面的里外特性。如图4-3所示，从方盒子的外面看，所有的顶点沿边界顺时针方向排列。这种排列对需要计算法矢的渲染程序非常重要。顺时针方向本身意义并不重要. 逆时针方向也同样可以，但是方向定义的一致性是必需的。

表4-1　顶点表

序号	x	y	z
1	0	0	0
2	0	1	0
3	0	1	1
4	0	0	1
5	1	0	0
6	1	0	1
7	1	1	1
8	1	1	0

表4-2　面表

序号	顶点			
1	1	2	3	4
2	4	3	7	6
3	6	7	8	5
4	5	8	2	1
5	4	3	7	6
6	1	4	6	5

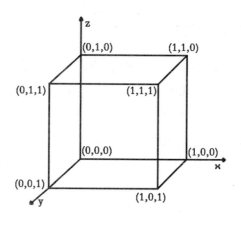

图 4-3

（三）网格处理

多边形网格是一簇不相交的多边形，它们沿公共边和公共顶点相连。三角形网格是一个全是三角形的多边形。网格可能是非流型的，非流型的网格中，有的边可能在两个面上（图 4-4）。

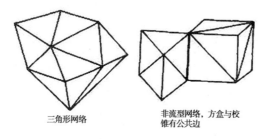

三角形网络   非流型网络，方盒与校锥有公共边

图 4-4

（1）网格生成和网格剖分。三角化是将平面或空间曲面区域剖分为三角形单元的连接方案。Delaunay 三角化增加了一个约束，即由一个面上的三点唯一确定的外接圆不包含其他节点。这样，假设任意四个或四个以上节点不共圆，Delaunay 三角化保证了连接方案的唯一性。类似地，可能有其他的网格生成和网格剖分方案。

（2）减少三角形的目的。三角形网格数量规模大，例如，网格剖分经常处理 101 个多边形，数字化地形数据经常要处理 101 至 107 个多边形，三维数字化仪经常处理 101 至 106 个多边形，等参面网格生成经常要处理 106 个多边形。大规模网格意味着更慢的图形渲染速度。

　　大量的内存需求和更多的计算分析时间。另外，一个三角形网格数量规模大的原因是，数据集中含有噪音数据和误差较大的数据，因此需要减少三角形。

　　（3）减少三角形的方法。现在很多 CAD 软件提供减少三角形这个功能选项。几种基本的方法如下：

　　1）子采样（Subsampling）：对选定区域，粗化三角形采样。

　　2）均匀化（Averging）：通过均匀化减少三角形，来减少三角形数量。

　　3）叠边（Edge Collapse）：删除顶点，去掉相应的边。

　　4）边分裂（Edge Split）：在中间步骤中分裂边增加三角形以期简化三角形。

　　5）边交换（Edge Swap）：在顶点之间交换边。

第二节　虚拟现实系统构建及技术基础

一、虚拟现实系统组成

　　虚拟现实系统主要包括虚拟环境产生器、应用系统和模型构造系统、人机交互系统等。虚拟环境产生器用于构造虚拟环境，是虚拟现实系统中的核心部件，由计算机硬件系统、软件开发工具及配套硬件组成，它实际上是一个包括数据库和产生立体图像的高性能计算机系统。虚拟环境是一种合成系统，在这种计算机合成的环境中，用户可完全沉浸在幻境般的三维空间之中。应用系统是面向具体问题的软件部分，描述仿真的具体内容，包括仿真的动态逻辑、结构以及仿真对象之间和仿真对象与用户之间的交互关系。为了建立参与者与虚拟环境之间的和谐交互关系，除了需要采用虚拟现实建模语言外，还需要各种视觉、听觉和触觉的人机交互装置，营造虚拟环境的沉浸感，关键部分是传感器及数据接口、交互式控制系统和虚拟环境。从总体上看，虚拟现实系统包括硬件环境、软件环境两大部分。虚拟现实系统的组成如图4-5 所示。

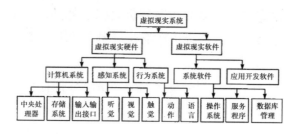

图 4-5

（一）虚拟现实硬件系统

虚拟现实硬件系统硬件设备包括计算机系统、感知系统、行为系统，感知系统与行为系统可合称为交互系统。

（1）计算机系统。计算机系统是产生三维世界的硬件环境，它的主要功能是接收用户参与者相关的运动信息（如头部、眼、手等），生成视图，并融合成三维立体图像，同时进行三维声音合成和发出触觉、压力等反馈信号；将描述这些内容的信息以数据的形式存储在存储系统之中；实现输入和输出的实时处理，即进行实时演示和对环境实时模拟。

计算机系统的基本部件由中央处理器（CPU）、内部存储器（只读存储器 ROM 和随机存储器 RAM）和外部存储器（软盘、硬盘、闪盘、光盘）、输入输出接口三部分组成。

（2）感知系统。感知系统是交互系统的一个硬件子系统，是能够表示三维（3D）图形图像、产生高质量立体声、反映力觉触觉感受等的硬件，将计算机产生的数据转化成用户的逼真体验感觉，使用户就像从真实世界得到的感受一样；使用户参与者能通过视觉、听觉和触觉等方式与虚拟环境实现信息的交互。主要包括：头盔式显示器、数据传感手套、大屏幕立体显示系统及三维虚拟立体声音生成装置等。

（3）行为系统。行为系统是交互系统的另一个硬件子系统，包括输入、传感器及数据接口等。这些硬件设备用来输入用户头部和手部的位置及方向信息及语言信息，并将反映参与者行为的语言、动作等信息转换成计算机系统能够识别处理的数据形式，使得虚拟现实系统能够察觉用户的交互活动和动作；通过语言、位置和姿态传感器输入装置等，建立起用户参与者与虚拟环境之间的联系。主要包括：三维定位跟踪设备、数据衣、三维控制器、三维扫描仪等。

（二）虚拟现实软件系统

软件系统软件系统包括系统软件和应用软件。构建一个虚拟现实系统，硬件是基础，软件是灵魂。软件的主要任务是将硬件有机地组织在一起，使用户能够方便在虚拟世界中实现人机交互。

（1）系统软件。系统软件包括操作系统、服务程序、数据库管理软件、驱动软件等。服务程序是一些服务开发工具软件，是虚拟环境开发人员用于获取、编辑和处理各种信息，编制虚拟现实应用程序的一系列工具软件的统称。它可以对文本、图形、图像、动画、音频和视频等信息进行控制和管理，并把它们按要求连接成完整的应用软件。开发工具大致可分为素材制作工具、著作工具和编程语言三类。

（2）应用软件。应用软件是由各种应用领域的专家或开发人员利用编程语言或多媒体创作工具编制的最终多媒体产品，是直接面向用户的。虚拟现实系统中的应用软件用于建立虚拟世界中物体的几何模型、物理模型、运动模型等，生成三维虚拟立体声，对模型进行管理及实时显示，建立并管理虚拟世界的数据库。虚拟世界数据库存放整个虚拟世界中所有物体的全面信息。

二、虚拟现实技术实现

所谓虚拟现实技术，就是由计算机直接把视觉、听觉和触觉等多种信息合成，并提示给人的感觉器官。在人的周围生成一个三维的虚拟环境，从而把人、现实世界和虚拟空间结合起来融为一体，相互间进行信息的交流与反馈。人在虚拟环境中，可以以最自然的形态实时地进行操作和行动，犹如自身处在真实环境中。虚拟现实技术或由它构筑的系统，最重要的特征在于临境感、交互性和构想性，即虚拟现实三要素：①临境感，顾名思义，即身临其境的感觉；②交互性，即人和虚拟世界的信息交流，人和现实之间具有超过单纯临境感的动态关系；③构想性，使人在临境环境中产生新的灵感和构想。

虚拟现实技术以其卓越而自然的人机交互方式、身临其境的非凡感受、冲击传统的思维模式而成为计算机领域的热门话题。早期的应用由于价格昂贵、技术复杂而仅限于国防训练和军事模拟等领域。近几年，随着计算机图形加速能力、浮点计算能力、实时分布处理能力、3D 音效能力的大幅度提高，以及传感器和显示器技术的飞速发展，虚拟现实系统和设备开始走向成熟，其应用领域扩展到工程（如制造、航空、石化、核能、汽车），微观的毫微级工程、娱乐、建筑城市规划、战争防卫系统、人体功效、健康及安全、疾疗（如手术、心理治疗、药理学）、各种各样的培训、教育、市场销售、数据可视化等，不同的领域都会出现不同的 VR 应用软件系统。虚拟现实技术来源于三维交互式图形学，目前已发展成为一门相对独立的学科。现今科学技术的迅猛发展，已经使虚拟现实技术的应用逐步渗透到人们的社会工作和生活中，并产生巨大的经济效益和社会效益。这种强大的渗透性已经得到扩展，随着计算机技术、传感技术和控制技术的发展，多媒体和 VR 的内涵正在不断延伸和拓展。

在虚拟现实系统中，为了实现人与虚拟世界的自然交互，必须采用特殊的输入输出设备，以识别用户各种形式的输入，并实时生成相应的反馈信息，涉及跟踪系统、图像显示、声音、力觉和触觉反馈等。常用的方式为采用数据手套和空间位置跟踪定位设备，感知运动物体的位置及旋转方向的变化，通过立体展示设备产生相应的图像和声音。通常头盔式显示器中配有空间位置跟踪定位设备，当用户头部的位置发生变化时，空间位置跟踪定位设备检测到位置发生的相应变化，从而通过计算机得到物体运动位置等参数，并输出相应的具有深度信息及宽视野的三维立体图像和生成三维虚拟立体声音。

新型的输入输出装置发展很快，如可以实现三维立体显示的英伟达精视立体幻镜（Ge Force 3D Vision）、头盔式显示器、三维打印机、力反馈设备、测量眼球运动的眼动仪、三维鼠标、三维扫描仪、实现手姿态输入的数据手套、用于人体姿势输入的数据衣等。

当用户通过输入输出设备与虚拟环境交互，而与现实世界不产生直接交互时，这类虚拟现实系统称为封闭式虚拟现实系统。在某些虚拟现实系统中，用户希望与虚拟环境之间的交互可以对现实世界产生作用，此类系统称为开放式虚拟现实系统。开放式虚拟现实系统可以通过传感器与现实世界构成反馈闭环，从而可以达到利用虚拟环境对现实世界进行直接操作或者遥控操作的目的。

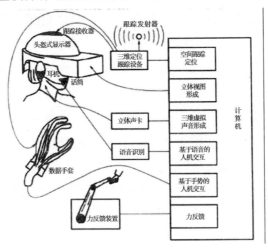

图 4-6

如图 4-6 所示的是一个典型的虚拟现实系统的构成，它由计算机、头盔式显示器、数据手套、力反馈装置、话筒、耳机等设备组成。该系统首先由计算机生成一个虚拟世界，由头盔式显示器输入一个立体的显示。将空间位置跟踪定位设备跟踪到的用户头的转动、数据手套测算得到的手的移动和姿态数据、语音识别得到的口头指令等数据输入计算机，与虚拟世界进行自然而和谐的人机交互。计算机根据用户输入的各种信息实时进行计算，即刻对交互行为进行反馈。由头盔式显示器更新相应的场景显示，由耳机输出虚拟立体声音、由力反馈装置产生触觉（力觉）反馈。

第三节　虚拟现实的计算技术

在虚拟现实系统中，计算机起到核心作用，负责接收输入设备的输入信息、计算产生虚拟场景，并对人机交互进行响应，输出信息到输出设备。虚拟环境是一个动态环境，其中存在许多运动的物体。为实现虚拟环境中物体的运动，通常每隔一定时间步长，需要重新计算虚拟环境中物体的位置、方向与几何形状，然后将这些物体按它们在虚拟环境中的新状态显示出来。虚拟环境往往由成百上千个物体的模型构成，这些虚拟物体在运动时需要用碰撞检测技术来保证其物理真实性。如一个物体不能"侵入"到另一个物体内部，参与碰撞检测的物体数目多、形态复杂。物体的相对位置是变化的，系统每间隔一定时间就对所有物体两两之间进行碰撞检测。虚拟现实系统需在满足实时性和低延迟的同时，需要构造尽可能逼真、精细的三维复杂场景，其数据规模日益膨胀。产生虚拟环境所需的计算量极为巨大，这对计算机的配置提出了极高的要求，计算系统的性能在很大程度上决定了虚拟现实系统的性能优劣。

为了满足日益增长的对计算资源的需求，一些虚拟现实系统使用了高性能的超级计算机。

一、GPU 并行计算技术

图形处理单元（Graphic Processing Unit，GPU）即图形处理器，在显卡中地位正如 CPU 在计算机架构中的地位。GPU 本质是一个专门应用于 3D 或 2D 图形图像渲染及其相关运算的微型处理器，但由于其高度并行的计算特性，使得它在计算机图形处理方面表现优异。

GPU 最初主要用于图形渲染，而一般的数据计算则交给 CPU。图形渲染的高度并行性使得 GPU 可以通过增加并行处理单元和存储器控制单元的方式提高处理能力和存储器带宽。GPU 将更多的晶体管用作执行单元，而不是像 CPU 那样用作复杂的控制单元和缓存并以此来提高少量执行单元的执行效率，这意味着 GPU 的性能可以很容易提高。

自 20 世纪 90 年代开始，GPU 的性能不断提高，并不再局限于 3D 图形处理了，GPU 通用计算技术引起业界不少关注，事实也证明 GPU 可以提供性能比之 CPU 高出数倍乃至数十倍不止，如果将 GPU 用于图形图像渲染以外的领域，一般采用 CPU 与 GPU 配合工作的模式。CPU 负责执行不适合并行处理的计算，而 GPU 负责大规模数据并行计算任务。这种特殊的异构模式不仅利用了 GPU 强大的处理能力和高带宽，同时弥补了 CPU 在计算方面的性能不足，最大限度地发掘了计算机的计算潜力，提高了整体计算速度和效率，节约了成本和资源。

2009 年，ATI（AMD）发布的高端显卡 HD5870 运算能力相当于 177 台深蓝超级计算机节点的计算能力。经过几大显卡生产厂商（NVIDIA、AMD/ATI、Intel 等）对硬件架构和软件模型的不断升级改进，GPU 的可编程能力越发增强。

集群（Cluster）系统是由多个独立计算机互相连接的集合，这些计算机可以是单机或多处理器系统（PC、工作站或 SMP），每个节点都有自己的存储器、I/O 设备和操作系统。机群对用户和应用来说是一个单一的系统。随着 PC 系统上图形卡渲染能力的提高和千兆网络的出现，建立在通过高速网络连接的 PC 工作站集群上的并行渲染系统具有良好的性价比和更好的可扩展性，得到越来越广泛的应用。

该类虚拟现实系统存在一台或多台中心控制计算机（主控节点），每个主控节点控制若干台工作节点（从节点）。由中心控制计算机根据负载平衡策略向不同的工作节点分发任务，同时控制计算机也要接收由各个工作节点产生的计算结果，综合为最终的计算。集群系统通过高速网络连接单机计算机，统一调度、协调处理，发挥整体计算能力，其成本大大低于传统的超级计算机。

二、基于网络计算的虚拟现实系统

基于网络计算的虚拟现实系统充分利用广域网络上的各种计算资源、数据资源、存储资源以及仪器设备等资源来构建大规模的虚拟环境，仿真网格是其中有代表性的工作之一。仿真网格是分布式仿真与网格计算技术相结合的产物。其目的是充分利用广域网络上的各种计算资源、数据资源、存储资源以及仪器设备等资源来构建大规模的虚拟环境、开展仿真应用。

（一）分布式仿真与仿真网格

分布交互仿真技术已成功地应用于工业、农业、商业、教育、军事、交通、社会、经济、医学、生命、娱乐、生活服务等众多领域。

目前已进入高层体系结构 HLA（High Level Architecture）研究阶段。HLA 技术的发展得到了国际仿真界的普遍认可，成为建模与仿真事实上的标准，并于 2000 年正式成为 IEEE 标准。HLA 定义了建模和仿真的一个通用技术框架，目的是解决仿真应用程序之间的可重用和互操作问题。

如图 4-7 示为 HLA 仿真联盟体系结构。HLA 可以在广泛分布的大量节点上构建大规模的分布式仿真系统，其重点应用领域为军事指挥与训练等。其中尤以美军所进行的一系列大规模军事仿真为国际仿

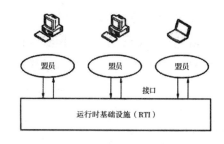

图 4-7

真界所瞩目。在应用系统方面，美国先后完成了作战兵力战术训练系统 BFTTS（Battle Force Tactical Training System）和面向高级概念技术演示的战争综合演练场 STOW（Synthetic Theater of War）的研制，目前虚拟战场系统正朝着支持多兵种联合训练仿真方向发展。

在过去的几年里，能对不同管理域内的分布式资源进行有效管理的网格技术发展成为了研究热点，一些研究机构试图基于网格技术实现虚拟现实系统。许多学者正在探索在 HLA 仿真中结合网格技术，以解决目前 HLA 仿真中的一些不足。

（二）仿真网格应用模式

网格的本质是服务，在网格中所有的资源都以服务的形式存在。HLA 与网格的结合就是分布式仿真系统中各种资源的服务化以及通信过程的服务化。作为欧洲 Cross Grid 计划的一部分，Katarzyna Zajac 等将分布式仿真从 HLA 向网格的过渡从粒度上分为 3 个层次，分别称为 RTI 层迁移、联盟层迁移和盟员层迁移，如图 4-8 所示。

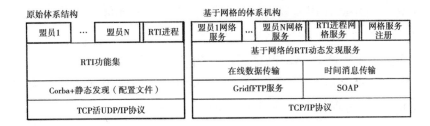

图 4-8

1. 网格支持的分布式仿真

随着仿真规模和复杂性的增加，计算机仿真往往需要访问分布在各地的人力计算资源和数据资源。20 世纪 90 年代中期出现的基于 Welt 的仿真致力于提供统一的协作建模环境、提高模型的分发效率和共享程度，缺乏动态资源管理能力，并且由于开发出的模型没有组件化和标准化，互操作和重用性也存在不同程度的问题。基于 HLA 的分布式仿真在技术层面上解决了互操作和重用性问题，而网格作为下一代基础设施，能对广域分布的计算资源、数据资源、存储资源甚至仪器设备进行统一的管理。由此许多学者尝试将二者进行结合，利用网格技术对分布式仿真进行辅助支持。

2. 负载管理系统 LMS

新加坡南洋科技大学的 Wentong Cai 教授等提出基于网格建立负载管理系统（Load Management System，LMS）为基于 HLA 的仿真提供负载均衡服务，如图 4-9 所示。

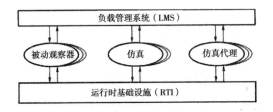

图 4-9

LMS 利用网格进行仿真应用的负载管理. 由 Globus 进行连接认证、资源发观和任务分配，RTI 仍然提供盟员之间的数据传输，其传输效率不受影响。然而，在普通的 HLA 分布式仿真应用中系统消耗的主要瓶颈在于消息数量大，而单个消息处理计算量小。因此，负载管理对仿真应用的作用需要在特定的仿真应用中才能体现出优势，需是在进一步的应用实践中进行研究。

3. 面向 HLA 仿真的网格管理系统

Katarzyna Zajac 等提出了面向 HLA 仿真的网格管理系统，为广域网上的 HLA 仿真提供辅助功能，如图 4-10 所示。

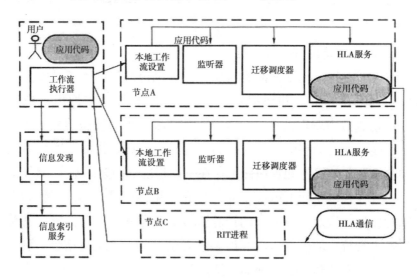

图 4-10

在图 4-10 中，面向 HLA 仿真的网格管理系统主要是为盟员迁移而设计的，也包括仿真服务的发现、信息服务以及组建仿真联盟的工作流服务等。盟员与 RTI 通过标准的 HLA 接口进行通信，为此需要开放预先定义的端口。

4. 网格服务化的分布式仿真

如上所述，一些学者利用网格来增强 HLA 标准的功能，也有一些学者致力于将 HLA 改造为模型驱动（Model driven）、可组装的，甚至计划将整个仿真联盟完全网格服务化以取代 HLA，作为下一代建模与仿真的标准。

（1）HLAGrid。为了将 HLA 的互操作性和重用性规则应用于网格环境构建仿真联盟，Yong Xie 等提出了 HLAGrid 框架，如图 4-11 所示。

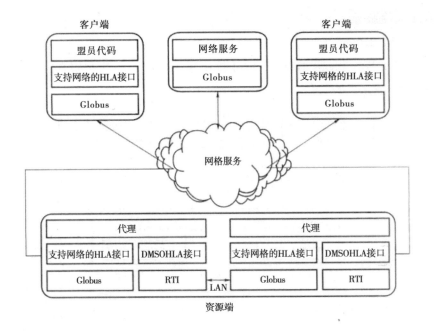

图 4-11

在图 4-11 中，系统采用"盟员—代理—RTI"的体系结构，RTIExec 和 FedExec 在远程资源上运行，地运行的盟员通过支持网格的 HLA 接口将标准的 HLA 接口数据转换为网格调用，然后以网格调用的形式与远程的代理通信。HLAGrid 以网格服务数据单元的形式提供 RTI 服务的内部数据，其他网格服务能够以 pull 或 push 的方式对此进行访问，具有平台无关性。此外该框架还包括 RTI 的创建、联盟发现等服务。然而，HLAGrid 的网格服务调用通信比现有的 HLA 通信具有更大的开销，只能用于粗粒度的仿真应用。

（2）WebEnabled RTI。Katherine L. Morse 等提出了 Web Enabled RTI 体系结构。基于 Web 的盟员能通过基于 Web 的通信协议 SOAP（Simple Object Access Protocol）和 BEEP（Blocks Extensible Exchange Protocol）与 DMSO/SAIC RTI 进行通信。

WebEnabled RTI 的短期目标是 HLA 盟员能通过 Web Services 与 RTI 进行通信，长期目标是盟员能在广域网上以 Web Services 的形式存在，并允许用户通过浏览器组建一个仿真联盟。基于 WebEnabled RTI 已实现了联盟管理、对象管理、声明管理和所有权管理的所有

RTI 大使服务。

（3）IDSim。

J. B. Fitzgibbons 等基于 OGSI 提出了 IDSim 分布交互仿真框架，如图 4-12 所示。

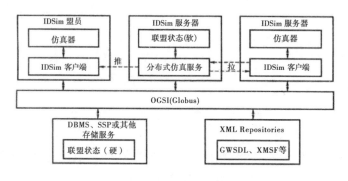

图 4-12

在图 4-12 中，IDSim 使用 Globus 的网格服务数据单元表示仿真状态，由 IDSim 服务器负责数据分发，盟员作为客户端以 pull 或 push 的方式访问 IDSim 服务器获取或更新状态变化。IDSim 还通过支持继承、提供定制工具的方式减少仿真任务集成和部署的复杂性。由于 IDSim 服务器负责管理整个联盟的状态信息、提供所有仿真相关的服务，并且各个盟员之间也通过 IDSim 服务器进行交互，当仿真规模较大时，IDSim 服务器很可能成为系统瓶颈。

（4）可扩展的建模与仿真架构。

美国国防部对可扩展的建模与仿真架构（Extensible Modeling and Simulation Framework，XMSF）给予了大力支持。XMSF 的目标是建立一个基于 Web 技术和 Web Services 的新一代广域网建模与仿真标准。XMSF 提倡应用对象管理组织（Object Management Group，OMG）的模型驱动架构（Model Driven Architecture，MDA）技术来促进所开发的分布式组件的巨操作性。MDA 方法保证了使用共同的方法描述组件并以一致的方法将不同组件进行组合。

（三）网格调度算法

仿真网格中的一个关键问题是按照某种策略将一个仿真应用的各

个任务合理地调度到网格计算节点上运行，以达到计算资源、网络资源优化配置的目的，调度算法是网格计算的热点研究内容之一，调度算法所关注的任务之间的关系可以表示为 3 种类型：有向无环图 DAG（Directed Acyclic Graph）、任务交互图 TIG（Task Interactive Graph）和独立任务。

DAG 图描述的任务之间有先序关系和交互关系，图中节点的权表示任务的处理时间或者计算量，边的权表示任务间的通信时间或者通信量，边的方向表示任务之间的先序关系。TIC 图是一种无向图，两个节点之间的边表示该两个节点对应的任务在执行时有通信关系，任务可以并发运行而不用关心任务之间的先序关系。一个应用分解为相互独立并且不能再分割的任务称为独立任务，独立任务调度算法是最基本的，许多面向 DAG 和 TIG 表示的任务的调度算法是在独立任务渊度算法的基础上进行改进，以便处理任务之间的先序关系或者交互关系。比如通过对 DAG 图分层，同一层中的任务之间没有先序关系，可以并行执行；再如基于遗传算法的 DAG 任务调度，与基于遗传算法的独立任务调度的主要区别在于对染色体编码时扩展基因片以反映任务之间的先序关系，在遗传操作时保持任务之间的先序关系。这些独立任务调度算法是网格任务调度算法的典型代表，如图 4-13 所示。

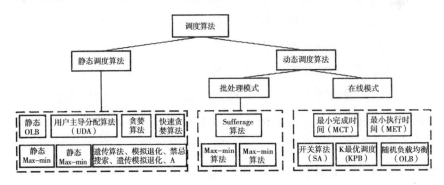

图 4-13

在图 4-13 中，按照调度任务的方式，常见的网格任务的调度算法被分为两类：静态调度算法和动态调度算法。静态调度算法是指在任务执行之前组成该任务的所有子任务是已知的，调度策略也是确定的。动态调度算法则是在任务执行过程中有新任务到达，任务的调度策略也可能发生改变。比如自适应式任务调度方法会根据当前的资源状况和任务执行情况改变任务调度器的参数。动态调度算法又可以进一步分为批处理任务调度（Batch mode）和在线任务调度（On—line mode）。在线任务调度是指任务一到达调度器就将其调度到某台机器上运行。批处理任务调度是指任务到来并不立即调度到机器，而是把任务收集起来组成一个任务集合，只有当预先定义的在特定时刻发生的调度事件到达时才对任务集合中的任务一起进行调度。因此，批处理任务调度下的任务集合中包括在最后一个调度事件之后新到达的任务和在前期调度事件时已经调度但还没有开始执行的任务。

（四）仿真网格负载均衡

仿真网格中计算节点的负载可以从两个层面进行管理。一方面，在仿真初始化阶段，应该合理地将各个仿真任务分配到网格中的计算节点，避免出现过载的情况而影响仿真的正常推进，这是仿真网格调度算法所关注的问题。前面已经对网格调度算法进行了介绍。在基于网格的大规模分布式仿真中，涉及大量的计算资源，仿真运行可能也要持续较长时间；由于不同节点上运行的盟员的不确定性和不可预见性，节点负载会产生较大的变化，同时由于人为因素或者故障，节点资源的可用性也无法保障。因此，有必要实现分布式结点之间的负载均衡，以提高资源利用率，保证当某个计算结点负载过重或者不可用时使仿真推进能继续进行。负载均衡的常用方法包括调度新加入的盟员到负载较轻的节点上运行和迁移重负载节点上正在运行的盟员到轻负载节点上继续运行。为新加入盟员或者迁出盟员选择合适的目标结点是负载均衡的一个重要方面。一般运用网格提供的任务调度器来实现，也有的系统根据自身的特点开发调度器，如 Cross Grid 生物医学应用的 Broker Service 调度器。盟员迁移可在一定程度上弥补 HLA 中计算资源和数据资源的紧耦合的缺陷，许多学者提出了各自的盟员迁移方法。

迁移盟员最基本的方法是利用 HLA 的标准接口 Federation Save 和 Federation Restore，在盟员迁移开始前，先利用 Federation Save 保存全联盟盟员的状态和 RTI 的状态，当迁移盟员退出联盟并在目标结点上重新加入联盟后，使用 Federation Restore 恢复联盟。该方法使用标准的 HLA 接口，简便易行。但是，每个盟员迁移都要全联盟范围内的盟员暂停，开销较大。

2001 年，在网络工作站（Network of Workstations，NOW）上实现了资源共享系统（Resource Sharing System，RSS），通过迁移盟员的方法平衡各工作站上的负载，如图 4-14 所示。

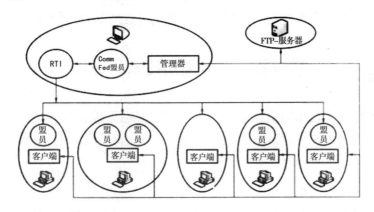

图 4-14

图 4-14 中 RSS 系统由一个 Manager 管理迁移。为了尽量减少对 HLA 盟员的改动，引入了一个 Comm Fed 盟员作为 HLA 盟员与 Manager 之间通信代理。Client 可以控制该工作站加入或者退出仿真系统，第三方的 FTP 服务器用来传输迁移盟员的状态数据。RSS 系统虽然是在 NOW 上实现的盟员的迁移，但是对基于网格的分布交互仿真盟员迁移具有重要参考价值。RSS 的一个不足之处是用第三方的 FTP 服务器传输迁移数据，开销较大。

Wentong Cai 等在 LMS 上实现了网格范围内的盟员迁移。其思路是在每个盟员中集成一个 LMSHandler 负责盟员的暂停和保存，将盟员状态保存在一个中间文件中并利用 Globus 提供的 FTP 服务将其上传至第三方 FTP 服务器，目标节点从 FTP 服务器下载状态信息后从暂停处恢复迁移盟员的执行。由于该方法使用了 FTP 服务器来中转状态文件，带来较大的时间开销。

为了避免盟员迁移时全联盟状态信息的保存和第三方 FTP 服务器

中转状态文件带来的开销，Wentong Cai 等对基于 LMS 的盟员迁移进行了研究，在每个盟员上集成消息计数器，迁移盟员在退出联盟前将其消息计数器跟与之有交互的盟员的消息计数器相比较以确定是否会发生消息丢失，同时将迁移盟员在目标节点重启，加入联盟的过程与该盟员的仿真运行过程相重合以缩短迁移时间，而状态信息以点对点的方式在源节点与目标节点之间传输。该方法迁移盟员对非迁移盟员是透明的。不需要全联盟的保存，也不需要第三方 FTP 服务器的支持，然而盟员需要进行一定的修改，重用已有的 HLA 盟员存在问题。

第四节　虚拟现实技术的应用

虚拟现实技术问世以来，为人机交互界面开辟了广阔的天地，带来了巨大的社会、经济效益。虚拟现实技术的好处在于它可以被用在人类很难进入，但是人类智能又可以到达的环境中，所以它在诸多领域被广泛应用。统计结果表明：虚拟现实技术目前在军事、航空、医学、机器人、农业、娱乐业的应用占据主流地位；其次是教育、艺术和商业方面；另外，在可视化计算、制造业等领域也有相当的比重，并且现在的应用也越来越广泛，其中应用增长最快的是制造业。因此，虚拟现实技术有着很广泛的应用领域，这一技术将是 21 世纪的研究热点。

一、虚拟现实在推演仿真中的应用

现代社会的信息化导致社会生产力水平的高速发展，使得人类在许多领域不断地、越来越多地面临前所未有的困难，而今天又迫切需要解决和突破的问题。例如载人航天、核试验、核反应堆维护、包括新武器系统在内的大型产品的设计研制、多兵种军事训练与演练、气象及自然灾害预报、医疗手术的模拟与训练等。如果按传统方法解决这些问题，必然要花费巨额资金，投入巨大的人力，消耗过长的时间，甚至要承担人员伤亡的风险；虚拟现实技术为这些难题提供了一种全新的解决方式，采用虚拟场景来模拟实际的应用情景，让使用者如同身临其境一般，可以及时、没有限制地观察三维空间内的事物，甚至可以人为地制造各种事故情况，训练参演人员做出正确响应。

典型应用如丰田汽车与曼恒数字联手打造了丰田汽车虚拟培训中心，结合动作捕捉高端交互设备及 3D 立体显示技术，为培训者提供一个和真实环境完全一致的虚拟环境。培训者可以在这个具有真实沉浸感与交互性的虚拟环境中，通过人机交互设备和场景里所有物件进行交互，体验实时的物理反馈，进行多种实验操作。模拟与训练一直是军事与航天工业中的一个重要课题，这为虚拟现实提供了广阔的应用前景。美国国防部高级研究计划局 DARPA 自 20 世纪 80 年代起一直致力于研究称为 S1MNET 的虚拟战场系统，以提供坦克协同训练，该系统可连接 200 多台模拟器。另外，利用虚拟现实技术可模拟零重力环境，以代替现在非标准的水下训练宇航员的方法。

二、虚拟现实在产品设计与维修中的应用

当今世界工业已经发生了巨大变化，大规模人海战术已不适应工业的发展，先进科学技术的应用显现出巨大的威力，特别是虚拟现实技术的应用正对工业进行着一场前所未有的革命。

虚拟维修是以虚拟现实技术为依托，在由计算机生成的、包含了产品数字样机与维修人员 3D 人体模型的虚拟场景中，为达到一定的目的，通过驱动人体模型或者采用人在回路的方式来完成整个维修过程仿真、生成虚拟的人机互动过程的综合性应用技术。目的是通过采用计算机仿真和虚拟现实技术在计算机上真实展现装备的维修过程，增强装备寿命周期各阶段关于维修的各种决策能力，包括维修性设计分析、维修性演示验证、维修过程核查、维修训练实施等。虚拟维修技术可以实现逼真的设备拆装、故障维修等操作，提取生产设备的已有资料、状态数据，检验设备性能，还可以通过仿真操作过程，统计维修作业的时间、维修工种的配置、维修工具的选择、设备部件拆卸的顺序、维修作业所需的空间、预计维修费用。虚拟维修是虚拟现实技术在设备维修中的应用，突破了设备维修在空间和时间外的限制，具有灵活、高效、经济的特点。可以从多部位多视角观察、重复再现

维修过程，甚至进行分布协同，并能方便地更改维修计划和样机方案、实现资源共享重用，尤其适合于人不便进入的场合，如飞机、舰船、装甲车辆、导弹等弹舱和仪器舱，以及核电站等不安全区域中设备的维修预演和仿真。

三、虚拟现实在军事与航空航天中的应用

虚拟现实技术在作战模拟领域得到广泛的应用，且多数涉及战场环境仿真。运用虚拟现实技术实现战场环境仿真，其目的就是构成多维的、可感知的、可度量的、逼真的虚拟战场环境，借此提高参训人员对战场环境的认知效率。主要用于仿真对抗、导航调度监控、装备操作、参谋作业训练等。

美军从 1984 年开始研制的基于网络的分布式坦克训练模拟系统 SIMNET，就将美国本土及欧洲的 10 个地区作战环境置于系统之内。到了 20 世纪 90 年代，已使 200 辆装甲车辆可异地参加统一指挥的可交互的模拟演练。每个模拟器以美国的 M1 主战坦克为单位，提供作战区域内精确的地形起伏、植被、道路、建筑物、桥梁等信息。坦克手可以在模拟器中看到由计算机实时生成的战场环境以及其他战车图像。1991 年，美国为海湾战争"东经 73"计划的实施提供了一套供 M1A1 主战坦克使用的战场环境仿真系统，将伊拉克的沙漠环境用三幅大屏幕展现在参战者面前，进行身临其境的战场研究，为最终取胜打下了关键基础。

荷兰 1992 年完成的毒刺导弹训练器（VST）是虚拟现实技术用于单兵武器模拟设备的代表作，它在头盔内形成一个空间动态立体场景；随操作者的头部动作而相应改变场景，以训练操作者对付敌方飞行器的机动能力和瞄准能力，预先制备的 VCD 盘提供各种作战环境相应的音响效果。1997 年，洛克希德·马丁公司为美国海军航空兵训练系统项目办公室开发了一套实战演习系统 TOPSCENE（战术操作实况）。这是一个综合运用军事测绘成果和虚拟现实技术的装备，被广泛应用于海军、海军陆战队、陆军和空军，已配备 100 多套。该系统运用 SGI 图形工作站（最高配置为 ONYX2、4 个 R1000CPU）来处理图像

数据，在高配置下，每秒能产生 30 帧详细、逼真的高分辨率战场图像。系统可以模拟各种地形要素、不同的气象条件，还可仿真带有夜视仪、红外显示器或合成孔径雷达显示效果的夜间战斗过程。

四、虚拟现实在教育与培训中的应用

在学校教育中，特别是理工科类课程的教学中，虚拟现实技术应用较多。它不仅适用于课堂教学，使之更形象生动，也适用于互动性实验中，即虚拟演示教学与实验。还有远程教育系统、特殊教育、技能培训等方面也运用了虚拟现实技术。

（1）弥补远程教学中存在的不足。

（2）避免真实实验或操作所带来的各种危险。

（3）彻底打破空间、时间的限制。

（4）可以虚拟人物形象。

（5）进行实践技能训练。

五、虚拟现实在建筑设计与城市规划中的应用

目前常用的规划建筑设计表现方法主要包括建筑沙盘模型、建筑效果图和三维动画。虚拟现实可以将二维或 CAD 模型扩展成为建筑师或客户可以进入其中、进行研究的三维空间，如虚拟房屋、医院、办公大楼，以及其他空间。虚拟现实系统的沉浸感和互动性能够给用户带来强烈、逼真的感官冲击，获得身临其境的体验，能够在一个虚拟的三维环境汇总，用动态交互的方式对未来的规划建筑或城区进行身临其境的全方位的审视。可以从人员距离、角度和精细程度观察建筑；可以选择多种运动模式，如行走飞翔，并可以自由控制浏览的路线；而且在漫游过程中，可以实现多种设计方案、多种环境效果的实时切换比较，还可以通过其数据接口在实时的虚拟环境中随时获取项目的数据资料，方便大型复杂工程项目的规划、设计、投标、报批、管理，有利于设计与管理人员对各种规划设计方案进行辅助设计与方案评审。虚拟现实所建立的虚拟环境是由基于真实数据建立的数字模型组合而成，严格遵循工程项目设计的标准和要求建立逼真的三维场景，对规

划项目进行真实的"再现"。用户在三维场景中任意漫游，人机交互。这样很多不易察觉的设计缺陷能够轻易地被发现，减少由于事先规划不周全而造成的无法可挽回的损失与遗憾，提高项目的评估质量。运用虚拟现实系统，可以很轻松随意地进行修改，改变建筑高度，改变建筑外立面的材质、颜色，改变绿化密度。只要修改系统中的参数即可，从而加快方案设计的速度和质量，提高方案设计和修正的效率，也节省大量的资金，提供合作平台。

虚拟现实技术能够使政府规划部门、项目开发商工程人员及公众可从任意角度，实时互动真实地看到规划效果，更好地掌握城市的形态和理解规划师的设计意图，这是传统手段如平面图、效果图、沙盘乃至动画等所不能达到的。对于公众关心的大型规划项目，在项目方案设计过程中，虚拟现实系统可以将现有的方案导出为视频文件用来制作多媒体资料，予以一定程度的公示，让公众真正地参与到项目中来。通过使用头盔显示器和数据手套，建筑师可以引导客户进入仿真的建筑物，头盔显示器可以使客户能从不同的角度观察其内部空间，同时，可以在建筑物中漫游。数据手套是实施时改变窗户位置和门的宽度的关键设备，在漫游过程中所做的任何修改都会自动地记录在数据库中，因而不必重新输入建筑师就能画出反映各种修改意见的最终图形。这类动态的建筑仿真还使得建筑师可以确定其设计是否符合无障碍进入。

虚拟现实技术可用于展示城市规划、宣传城市建设、提升城市形象。城市规划系统可以将城市的过去、现在和将来任意时间的情况展现在规划设计者、政府决策者、投资开发者和普通市民面前。城市规划系统的交互控制软件可以帮助使用者从不同角度遍历城市的各个部分，帮助有关人员作出决策。

用虚拟现实技术建立起来的水库和江河湖泊仿真系统，能使人一览无余。例如建立起三峡水库模型后，便可在水库建成之前，直观地看到建成后的壮观景象。蓄水后将最先淹没哪些村庄和农田，哪些文物将被淹没，这样能主动及时解决问题。如果建立了某地区防汛仿真系统，就可以模拟水位到达警戒线时哪些堤段会出现险情，万一发生决口将淹没哪些地区，这对制订应急预案有很大的帮助。

六、虚拟现实在地理中的应用

应用虚拟现实技术，将三维地面模型、正射影像和城市街道、建筑物及市政设施的三维立体模型融合在一起，再现城市建筑及街区景观。用户在网上既能鸟瞰世界，又能在虚拟城市中任意游览，甚至可以将所经过的线路以漫游的方式进行录像和回放，实现模拟旅行。新版 Google Earth 可以让用户探索神秘的太空和海洋，欣赏火星图片和观看地球表面发生的变化。

在水文地质研究中，利用虚拟现实技术沉浸感、与计算机的交互功能和实时表现功能，建立相关的地质、水文地质模型和专业模型。利用虚拟现实系统的实时变化功能也可以对地下水流的运动变化特征进行虚拟表达，可以真实地表现地下水流中溶质的运移规律和发展趋势，辅助地下水水质管理。通过对地下水位变化的虚拟和土壤层含水量的表达，可以动态地表现地下水位的下降、降落漏斗的扩展与土壤沙化的进程。虚拟研究地下水水位下降与土壤沙化的相互关系和机理，对地下水可持续开发利用和相对减少和减轻可能产生的环境问题有着极为重要的意义。建立地区的蒸发量与土壤水分的关系，根据气候条件和地下水位、地下水水质演变过程进行虚拟，可以不断跟踪和不断预测区域土壤盐渍化的发展过程，为环境的监测和改善管理提供重要的依据。

七、虚拟现实在设计制造业中的应用

将虚拟现实技术应用于设计制造业，例如飞机、汽车的外形设计，产品的布局设计，产品的运动和动力学仿真，产品装配仿真，虚拟样机与产品工作性能评测等。

在计算机上的虚拟产品设计，不但能提高设计效率，而且能尽早发现设计中的问题，从而优化产品的设计。例如美国波音公司投资 40 亿美元研制波音 777 喷气式客机，从 1990 年 10 月开始到 1994 年 6 月仅用了 3 年零 8 个月就完成了研制，一次试飞成功，投入运营。波音公司分散在世界各地的技术人员可以从 777 客机数以万计的零部件中调出任何一种在计算机上观察、研究、讨论，所有零部件均是三维实体模型，可见虚拟产品设计给企业带来的效益。虚拟原型可视化，比如 1992 年美国 NASA 建立航天飞机数学模型和虚拟风洞用于观察飞机流线分布，验证飞机外形设计的合理性。沉浸式设计环境：虚拟环境与设计互连。通过建立三维数字模型，设计者使用虚拟现实装备在虚拟环境中直接指导操纵模型。虚拟装配：可以实时碰撞检测、零件穿透预防和装配件的三维公差评估。

在国内，由于虚拟制造技术出现较晚，研究机构还很少，但发展趋势是逐步缩短与发达国家的差距，并力争在某些方面的研究与探索达到国际水平。清华大学 CIMS 工程研究中心虚拟制造研究室，是国内最早开展虚拟制造研究的机构之一，主要研究方向是虚拟产品开发；西安交通大学 CAD/CAM 研究所主要研究以网络为中心的创新设计与全球制造（包括创新技法、信息共享、知识发掘、远程设计与制造模式）；此外，上海交通大学 CIM 研究所、北京航空航天大学和浙江大学等也进行了部分虚拟制造技术的研究。

机械产品中有成千上万的零件装配在一起，其配合性和可装配性是设计人员常常出现错误之处，往往要到产品最后装配时才能发现，造成零件的报废和工期的延误，不能及时交货，造成巨大的经济损失和信誉损失。采用虚拟制造技术可以在设计阶段就进行验证，保证设计的正确性，避免损失。虚拟装配系统基本组成如图 4-15 所示。

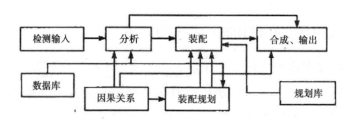

图 4-15

虚拟样机与产品工作性能评测。新产品的开发要经过设计、样机试制、试验、修改设计、重新试制等一系列的反复试制过程，许多不合理设计和错误设计只能等到制造、装配过程中，甚至到样机试验时才能发现。产品的质量和工作性能也只有当产品生产出来后，通过试运转才能判定。这时多数问题已无法更改，修改设计就意味着部分或全部报废和重新试制，因此常常要进行多种虚拟制造技术进行产品的设计、试制和评价，首先是进行产品的立体建模，然后将这个模型置于虚拟环境中控制、仿真和分析，可以方便直观地进行工作性能检查。

八、虚拟现实在化工医学生物工程中的应用

在化工生产过程中为了实现不同的物理化学的反应，工艺过程常常千变万化，要求设备的服役条件千差万别，这就决定了设备具有多样性及复杂性和快速响应的特点。虚拟设计和数字化样机在化工设备制作也势在必行。它可以解决化工设备制造系统诸多问题，例如：系统投资大、周期较长、难以评估效益及风险；开发新产品无法有效预测其开发价值；不能切实有效地协调设计与制造各阶段的关系，得到企业整体全局最优效益等。

虚拟现实技术和现代医学的飞速发展，以及两者之间的融合使得虚拟现实技术已开始对生物医学领域产生重大影响，目前正处于应用虚拟现实的初级阶段，其应用范围包括从建立合成药物的分子结构模型到各种医学模拟，以及进行解剖和外科手术教育等。当前计算机经常被用来设计各种合成药物，虚拟仿真器允许研究人员测试各种新药物的特性，如北卡罗来纳大学使用的 Grope III 虚拟仿真器，它可以使研究人员看到或感受到一种药物分子是如何与其他生物化学物质相互作用的，这些先进的仪器和技术大大加速了用于各种疾病药物的开发过程。

临床上 80% 的手术失误是人为因素引起的，所以手术训练极其重要。在虚拟手术过程中，系统可以监测医生的动作，精确采集各种数据，计算机对手术练习进行评价。如评价手术水平的高低、下刀部位是否准确、所施压力是否适当、是否对健康组织造成了不恰当的损害等。这种综合模拟系统可以让医生进行有效地反复实践操作练习，还可以让他们学习在日常工作中难以见到的病例。虚拟手术使得手术培训的时间大为缩短，同时减少了对实验对象的需求。远程医疗也能够

使手术室中的外科医生实时地获得远程专家的交互式会诊，交互工具可以使顾问医生把靶点投影于患者身上来帮助指导主刀外科医生的操作，或通过遥控帮助操纵仪器。这样使专家们技能的发挥不受空间距离的限制。

虚拟手术系统能使医生依靠术前获得的医学影像信息，进而在计算机上模拟出病灶部位的三维结构，最后利用虚拟现实技术建立手术的逼真三维场景，使医生能够在计算机建立的虚拟的环境中设计手术过程和进刀的部位、角度，提高手术的成功几率，这对于选择最佳手术方案、减小手术损伤、减少对临近组织损害、提高操作定位精度、执行复杂外科手术和提高手术成功率等具有十分重要的意义。另外，在远距离遥控外科手术、复杂手术的计划安排、手术过程的信息指导、手术后果预测及改善残疾人生活状况，乃至新药研制等方面，虚拟现实技术都能发挥十分重要的作用。早在1985年，美国国立医学图书馆（NLM）就开始人体解剖图像数字化研究，并利用虚拟人体开展虚拟解剖学、虚拟放射学及虚拟内窥镜学等学科的计算机辅助教学。Pieper及Satara等研究者在20世纪90年代初基于两个SGI工作站建立了一个虚拟外科手术训练器，用于腿部及腹部外科手术模拟。这个虚拟的环境包括虚拟的手术台与手术灯、虚拟的外科工具（如手术刀、注射器、手术钳等）虚拟的人体模型与器官等。借助于HMD及感觉手套，使用者可以对虚拟的人体模型进行手术。1995年，在Internet上发现了"虚拟青蛙解剖"虚拟实验。"实验者"在网络上互相交流，发表自己的见解，甚至可以在屏幕上亲自动手进行解剖，用虚拟手术刀一层层地分离青蛙，观察它的肌肉和骨骼组织，与真正的解剖实验几乎一样，浏览者还能任意调整观察角度、缩放图像。

外科手术仿真器使得外科医生在做一次比较复杂的外科手术之前可以先进行练习，然后将练习的成果应用于实际手术之中。他们可以对各种各样的病历进行演练，甚至可以使用根据某个病人的特点而形成的真实计算机三维人体模型。这种事先的演练为医生给病人进行成功的手术创造了可能。

完成一次虚拟手术后外科医生还可以按一下复位按钮重复进行，

重复练习，积累经验，从而增加实际手术的成功率。

九、虚拟现实在康复训练中的应用

康复训练包括身体康复训练和心理康复训练，是指有各种运动障碍（动作不连贯、不能随心所动）和心理障碍的人群，通过在三维虚拟环境中做自由交互以达到能够自理生活、自由运动、解除心理障碍的训练。传统的康复训练不但耗时耗力，单调乏味，而且训练强度和效果得不到及时评估，容易错失训练良机，而结合二三维虚拟与仿真技术的康复训练能很好地解决这一问题，并且还适用于心理患者的康复训练，对完全丧失运动能力的患者也有独特效果。

虚拟身体康复训练：身体康复训练是指使用者通过输入设备（如数据手套、动作捕捉仪）把自己的动作传入计算机，并从输出反馈设备得到视觉、听觉或触觉等多种感官反馈，最终达到最大限度恢复患者的部分或全部机体功能的训练活动。能使患者以自然方式与具有多种感官刺激的虚拟环境中的对象进行交互，可提供多种形式的反馈信息，使枯燥单调的运动康复训练过程更轻松、更有趣和更容易。该系统包括五大模块软件：坐姿训练、站姿平衡训练、上肢综合训练、步态行走训练、患者数据库功能。可通过躯干姿势控制坐站转换、上肢运动、步行、平衡、膝关节与下肢运动训练等多种虚拟游戏。成功应用于中风患者上肢、平衡与步行康复、髋膝关节置换术后康复、多发性硬化、帕金森病、老年痴呆与老年人的一般健身活动等。

虚拟心理康复训练：狭义的虚拟心理康复训练是指利用搭建的三维虚拟环境治疗诸如恐高症之类的心理疾病。广义上的虚拟心理康复训练还包括搭配"脑—机接口系统""虚拟人"等先进技术进行的脑信号人机交互心理训练。这种训练就是采用患者的脑电信号控制虚拟人的行为，通过分析虚拟人的表现实现对患者心理的分析，从而制定有效的康复课程。1994 年，Lamson 和 Meisner 将 30 个恐高症患者置于用虚拟现实技术建构的虚拟高空中，有 90% 的人治疗效果明显。美国"9·11 事件"以后出现大量的创伤后应激障碍的患者，Eifede 和 Hoffman 运用虚拟现实重现了世贸中心的爆炸场面，并对一个传统疗法失败的患者进行治疗，该患者被成功治愈。另外在痛感较强的牙科手术和其他治疗过程中虚拟疗法能够吸引病人的注意力。"雪世界"是第一种专门用来治疗烧伤后遗症的虚拟环境。在美国西雅图烧伤治疗中心，患者在接受痛苦的治疗过程中可以在虚拟环境中飞越冰封的峡谷，俯视冰冷的河流和飞溅的瀑布，还可以将雪球抛向雪人，观看河中的企鹅和爱斯基摩人的圆顶雪屋。"雪世界"的研发者认为，虚拟现实疗法之所以能够获得成功，主要是它能够把病人的注意力从创伤或病痛上转移到虚拟的世界中来。

十、虚拟现实在虚拟演播室中的应用

1978 年 Eugene L. 提出了"电子布景"（Electro Studio Setting）的概念，指出未来的节目制作，可以在只有演员和摄像机的空演播室内完成，其余布景和道具都由电子系统产生。随着计算机技术与虚拟现实技术的发展，在 1992 年以后虚拟演播室技术真正走向了实用。

虚拟演播室是一种全新的电视节目制作工具，虚拟演播室技术包括摄像机跟踪技术、计算机虚拟场景设计、色键技术、灯光技术等。虚拟演播室技术是在传统色键抠像技术的基础上，充分利用了计算机三维图形技术和视频合成技术，根据摄像机的位置与参数，使三维虚拟场景的透视关系与前景保持一致。经过色键合成后，使得前景中的演员看起来完全沉浸于计算机所产生的三维虚拟场景中，而且能在其中运动，从而创造出逼真的、立体感很强的电视演播室效果。由于背景成像依据的是真实的摄像机拍摄所得到的镜头参数，因而和演员的三维透视关系完全一致，避免了不真实、不自然的感觉。

由于背景大多是由计算机生成的，可以迅速变化，这使得丰富多彩的演播室场景设计可以用非常经济的手段来实现。采用虚拟演播室技术，可以制作出任何想象中的布景和道具。无论是静态的，还是动态的，无论是现实存在的，还是虚拟的。这只依赖于设计者的想象力和三维软件设计者的水平。许多真实演播室无法实现的效果，都可以在虚拟演播室中实现。例如，在演播室内搭建摩天大厦、演员在月球进行"实况"转播、演播室内刮起了龙卷风等。

第五章　虚拟产品的开发与管理

虚拟产品开发是实际产品开发在计算机上的本质表现，它的设计方法、开发过程、信息管理与传统的产品开发方式有很大不同，体现了先进制造技术的优越性。

第一节　虚拟产品的开发概念

一、虚拟产品开发概念论述用

虚拟产品开发是一个正在发展的概念，它是产品开发理论和技术不断发展的必然结果，其含义是指产品的开发过程在计算机环境中的映射。在对不同定义研究和总结的基础上，从机械工程研究领域的角度出发，首先对产品模型（Product Model，PM）、虚拟产品模型（Virtual Product Model，VPM）、产品开发（Product Development，PD）和虚拟产品开发（Virtual Product Development，VPD）定义如下：

（1）PM 是产品各方面要素（功能、结构和行为）及其相互关系的描述，它要能提供足够的信息（图形、数据和文本等）以保证产品能够物理实现和满足预期的功能。

（2）VPM 是反映产品本质的基于计算机的集成化数字模型，具有一定的与相应物理样机可比较的功能行为。它能够支持产品在全生命周期内具有的功能和性能的测试，并且从多个技术层面和角度反映产品的本质，它处理与虚拟产品相关的所有信息。

显然，VPM 和通常的 PM 是不同的。比如用二维图表示的产品模型，只描述了产品几何拓扑关系、产品结构，以及加工制造要求等信息，但它不能全面反映产品的性能、行为等本质，不能反映模型的演变历程，更不能对其进行测试。VPM 是研究虚拟产品开发各个问题的基础，可以通过各种仿真工具和虚拟现实工具对产品进行分析和测试，设计者通过多通道交互性、沉浸性和想象性来感受产品的功能、结构和行为。

（3）PD 是指为新产品的面世进行策略制定、组织、概念生成、产品和市场计划的产生和评估以及商品化的所有过程。

（4）VPD 是无纸化产品开发，产品开发过程中的所有设计和分析，都是基于 VPM 在计算机的数字化开发环境中实现的。VPD 是以领域知识和仿真技术等关键技术为支撑，通过定义 VPD 的"三要素"：产品定义数据、环境定义数据、产品与环境的交互作用规律，揭示了产品与在其开发过程各个阶段特定的静态、动态环境相互作用下产品特性的演变过程，通过高交互与高仿真的人机界面，以多种感知通道为设计者和非专业人员提供"自然"的感受与评价手段。

产品定义数据是对产品结构和物理特性的统一定义，环境定义数据包括使虚拟产品产生预期功能的使用环境的数字化模型和虚拟产品对环境所给予激励的响应，两者的相互作用将表现产品开发过程中不同层次和视图上的行为。

由于产品开发过程具有动态性、并行性和演化性，在整个虚拟产品的开发过程中，产品模型具有"动静结合"的特点，建立一个能够描述螺旋式上升的虚拟产品开发过程，并且包含虚拟产品开发生命周期各个环节的产品信息模型是核心问题。

虚拟制造系统基本上不消耗资源和能量，也不生产实际产品，而是产品的设计、开发与实现过程在计算机上的本质实现。产品与制造环境是虚拟模型，在计算机上对虚拟模型进行产品设计、制造、测试，甚至设计人员或用户可"进入"虚拟的制造环境检验其设计、加工、装配和操作，而不依赖于传统原型样机的反复修改。因此，综合运用系统工程、知识工程、并行工程、系统仿真和人机工程等多学科先进技术，实现信息集成、知识集成、过程集成和人机集成。开发的产品（部件）可存放在计算机里，不但大大节省仓储费用，而且能根据用户需求或市场变化快速改型设计，快速投入批量生产，从而能大幅度压缩新产品的开发时间，提高质量，降低成本；开发过程中分布合作可使分布在不同地点、不同部门的不同专业人员在同一个产品模型上同时工作，相互交流，信息共享，减少大量的文档生成及其传递的时间和误差，从而使产品开发以快捷、优质、低耗响应市场的变化。

以设计为中心的虚拟制造为设计者提供一个对产品进行设计、分析、制造、检测和使用的工作环境。通常将以面向产品开发为中心的虚拟制造又称为虚拟产品开发，虚拟产品开发是实现虚拟制造系统的信息源。新产品开发的实质就是产品的工程设计过程。传统的方法是由工程师设计出产品，并制造出原型，然后再经过测试和验证。如果产品达不到规定的要求，就反复地进行这一过程，直到满意为止。虚拟产品开发技术建立在可以用计算机完成产品整个开发过程这一构想的基础之上，工程师在计算机上建立产品模型，对模型进行分析，然后改进产品设计方案，用虚拟样机代替原来的实物模型，以提高新产品开发成功率。

虚拟产品开发是现实产品开发在计算机环境中数字化的映射，最终目标是希望在产品物理实现之前评价"产品"，其开发的结果即为虚拟样机。由于虚拟产品开发是建立在利用计算机完成产品开发过程的基础之上的，数字化产品建模和产品开发过程建模是虚拟产品开发的重要核心内容，它集计算机图形学、人工智能、并行工程、网络技术、多媒体技术和虚拟现实技术为一体，通过对虚拟样机外观、结构、功能和行为的仿真，在虚拟的条件下对产品进行构思、设计、制造、测试和分析，实现虚拟产品开发过程的推进。从而提高产品在时间、质量、成本、服务和环境等多目标中的决策水平，达到全局优化和一次性开发成功的目的，这也是构造虚拟样机的最终目标。

虚拟产品开发不仅可真正实现设计与过程的集成，同时还可以有效地组织市场信息、技术信息、资源信息，促进异地分布式协同产品开发的实现和为创新产品开发提供较好的运行条件和机制。

虚拟产品开发意味着用数字模型代替物理原型来进行产品设计中的分析与评价。它以产品的计算机辅助设计（CAD）模型为基础，应用不同的分析方法检验并改进设计结果。与物理原型相比，虚拟原型生成快，能直接操作和修改，且数据可重用。应用虚拟产品开发技术可以大大减少对真实原型的需求数量，并加快产品和工艺开发。这意味着极大地减少开发费用。

新产品和工艺的开发涉及来自不同学科的开发者。这就要求对所有相关人员（从技术开发者到市场专家）有一个综合的、合作的环境。如开发人员要在产品开发的早期阶段对新产品进行测试，以缩短产品上市时间。虚拟产品设计与开发技术为设计师和工程师建立联结关系。实际上，虚拟产品开发项目在一个团队环境中执行可以获得很大成功，其中团队的各个小组分别工作于一个产品不同部件的部门，这些小组可以分布在同一栋大楼或是分散在世界各地。

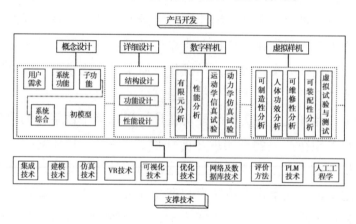

图 5-1

图 5-1 为虚拟产品开发的体系框图。虚拟环境下的产品开发包括从概念设计、详细设计到数字样机支持下的各种性能分析和仿真，以及虚拟样机支持下的各种功能分析，并在各种技术的支撑下，实现产品开发的各个阶段在计算机上的虚拟化。

二、虚拟产品开发定义

目前人们有关产品开发过程的定义众多，以下几个定义颇具代表性：Feller 和 Humphrey 给出的产品开发过程定义是："为达到产品的制造或改进目标而进行的一系列部分有序的步骤"，他们强调产品开发过程是一系列既定步骤；Osterweil 将产品开发过程上升为一种方法、路线，他定义产品开发过程为"创造一个产品的系统化方法"；Paul 等则定义产品开发过程为"人们用来开发和维护产品的一些活动、方法、实践和信息转换"，这一定义将方法、实践等都列入了过程内容之中。另外对产品开发过程定义较有影响的是 MIT 的著名报告"90 年代的管理"中的对经营过程的定义："是一系列相互影响的任务和功能，通过产生相应产品（Outcomes）来达到组织的经营成功"，产品开发过程显然是经营过程的一部分，这一定义强调组织过程的目的性（Purposeful Bature of Organization-al Process）。以上这些定义都体现了人们对产品开发过程认识的逐步丰富，但是诸定义间也存在着差异和不足。为进一步讨论产品开发过程。该定义反映了人们对产品开发过程的一般认识，定义体现如下思想：

（1）产品开发过程主要涉及的是从产品定义到产品批量生产的这一段时间。

（2）产品开发过程涉及两个层面，即技术活动和管理活动，二者缺一不可。

（3）产品开发过程代表了既定组织进行产品开发的行为和方法，过程与特定的开发组织有密切的联系，组织文化、开发领域等对产品开发过程的设计和实施都有着重要的影响。

（4）产品开发是创造性活动，需要应用设计方法、技术和工具。

（5）产品开发过程本身是一个将工程技术、方法、工具和人员集成并付诸产品开发实践的技术和管理框架。它是一个依附于既定经营领域、既定组织的产品开发技术和管理框架，它将工程技术、方法、工具和人力集成并付诸产品开发实践。

三、虚拟产品开发发展历程

虚拟产品开发一出现就引起了人们的广泛关注，工业发达国家均着力于虚拟产品开发的研究与应用，不仅在科技界，而且在企业界已成为研究的热点之一。

VPD 概念认为产品开发已不再需要费时、费钱地设计、制造及试验实物模型。在产品开发过程中人们可以在计算机的"虚拟"环境中建立模型，进行分析及修改设计。福特公司的项目经理 Riff 博士说：
"在福特，VPD 就是应用计算机技术及工艺来开发及分析零部件以及
在装配、制造等全面环境中使用信息"。克莱斯勒技术计算中心的工
程师 Bienkowski 同意上述看法并补充认为，"VPD 不仅限于设计汽车
部件，它还包括我们对生产过程及客户服务的同样关注"。

VPD 的基础是集成化产品与数据管理，如在克莱斯勒，他们将电
子物料单（EBOM）、CATIA 数据管理以及工作流程管理的数据作为一
种虚拟产品模型，这里产品是广义的，不仅指的是汽车零部件，也包
括生产过程及工具，以及客户服务过程及工具。这种集成带来的好处
是产品开发过程的所有人员，都能迅速地重复使用、存取所需信息。

传统的产品设计开发，在上游阶段较少考虑下游因素，导致设计
方案的反复改进，延长了开发周期。并行产品开发要求在产品设计阶
段就考虑到可能影响产品质量、成本及开发时间的后续环节，以减少
由于产品开发下游阶段出现重大问题的反馈，但是其缩短产品开发周
期的作用仍然有限。虚拟产品开发利用存储在计算机内部的数字化模
型——虚拟产品来代替实物模型进行仿真、分析从而提高产品在时间、
质量、成本、服务和环境等多目标中的决策水平，达到全局优化和一
次性开发成功的目的。

建立虚拟化的试验模型虚拟产品，目的是对产品外形、结构、功
能、行为等进行测试，以便加快决策速度，改善产品开发过程中对其
性能预测的准确性。为了对虚拟产品的外形、功能和行为等进行测试，
必须要求完整可靠的产品描述，不仅包括产品定义数据本身，还包括
产品所有相应环境的描述，以及产品和环境相互作用规律的描述，通
过产品、环境及相互作用规律来考察产品生命周期中的各项性能。

第二节　虚拟产品的开发建模

一、产品建模理论的研究内容

产品建模的任务是建立产品模型。产品建模和产品模型的表达必

须借助有效的方法和工具，在工程语言尚未问世前的很长一段时间，设计是艺术家的工作。在计算机辅助设计问世以前，产品模型反映在设计者的头脑中或表达在草图上。工业化推动了人类文明的进展，信息时代工业产品设计离不开计算机，产品模型的建立必须借助灵活有效的计算机辅助设计方法和应用软件工具。

产品建模理论研究采用计算机辅助设计手段进行产品设计和开发所需的建模方法、建模过程和建模工具。它着重研究设计的共性知识的表示原理、产品设计数据的处理方法，以及产品及其过程模型的建立、维护和使用，包括以下几个方面：

（1）设计知识的表示。它包括设计需求、设计过程、求解原理与方法、设计结果评价等一系列问题定义、分类、描述与表达。

（2）设计数据的处理。研究设计数据的定义和操作。包括记录、修改和数据交换，以及对设计过程和产品生命周期支持的数据管理。

（3）产品模型的定义、建造以及使用和维护。产品模型按其表达内容的侧重及其在设计过程中的时间顺序先后，可分解为概念模型、装配模型和工艺模型等各种视图；还可根据其反映的内容所面对的用户或采用的建模方法划分为功能模型、结构模型、逻辑模型、几何模型、物理模型、对象模型、集成模型等视图。覆盖整个产品生命周期的集成产品模型是产品模型的全景视图，其外延已扩大到包括一切以产品开发、生产、销售为主的直接活动以及供应、市场、服务等辅助支持活动相关的数据、要求、接口、流程和系统。

（一）产品开发过程建模

产品开发过程是多功能小组在计算机软硬件工具和网络通信环境的支持下，以特定产品开发（从概念形成到制造开始）的信息关系、组织关系和资源关系为背景，全面考虑产品开发过程以及产品全生命周期信息，缩短产品开发时间，提高产品质量为目标而设计的开发流程。

从提炼产品开发过程所包含的基本元素入手，进而获取元素与元素之间的关系，即子视图，由子视图的集成构成视图，由不同视图的集成构成了产品开发过程。因此，元素—子视图—视图—模型是对产品开发过程进行建模的基本思路。

依据许多学者对产品开发过程研究内容的分析，这里认为活动（Activity）、成员（Person）、角色（Role）、资源（Resource）和产品数据（Product Data）是产品开发过程建模中的基本元素。

（1）产品开发中的活动有狭义与广义之分。狭义的活动基本上等同于任务，可以描述为"对某对象的处理"；而广义的活动在定义时需要同时指定组织、资源和数据三个方面的内容，即在特定的组织形式下和资源条件下完成的对某一个或一系列对象的处理。

（2）角色是对组织专业化程度的一种规定，是组织结构的基本单位之一，它必须具备两种属性：

1）横向专业化：对角色所具有专业知识的规定，是角色执行具体任务的基础。

2）纵向专业化：对角色所具有权利的规定，即对通常所说的管理职能的规定。

（3）产品开发过程中所涉及的资源是指保证整个产品开发过程能够顺利进行的硬件设备和软件工具的类型和属性的集合。

（4）产品数据指在并行产品开发过程中所需要或产生的与产品相关的各种类型的中间数据和最终数据。

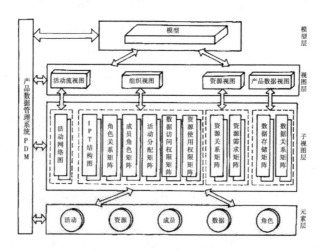

图 5-2

产品开发过程的递阶集成多视图模型见图5-2，它具有以下特征：

（1）多视图特征：视图代表了产品开发过程的不同侧面，因而多视图特征便于实现对过程的全面理解，为过程管理奠定基础。如果缺乏某一视图，则对产品开发过程的分析、监控和协调就会因信息不全而难以进行。

（2）集成性特征：产品开发过程模型不仅包含多个视图信息，而且各视图之间通过多个关系矩阵实现关联，因此，集成性特征使得模型能够自动维护视图的一致性。产品数据管理系统（PDM）是模型的集成平台。

（3）递阶性特征：产品开发过程的递阶集成多视图模型将模型本身分为四个层次：元素层、子视图、层视图层和模型层。元素与元素之间的相互关系构成了子视图，子视图的集成构成视图，而视图的集成才最终构成模型。模型的这种递阶性特征使得一个复杂的问题得以简化，为模型的实例化指明了思路，因而具有较强的实用性。

（二）产品模型建模方法及发展过程

产品模型是用来表示制造过程中被制造对象的模型，它包括目标产品、零部件、毛坯及中间产品。日本学者 Lwata 将机床、刀具等制造资源模型也纳入产品模型。产品模型和制造资源模型之间有某些共同点。例如它们都是物理实体的模型，在制造过程中都会发生外形的变化，但变化机制不同，仿真需求不同。因此，本书还是采用通常含义上的产品模型的概念。

产品建模方法随着 CAD/CAM 技术和系统的发展，经历了面向结构的产品模型、面向几何的产品模型、面向特征的产品模型、面向知识的产品模型和集成产品模型 5 个阶段。

1．面向结构的产品模型

产品结构是面向结构的产品模型的核心，为了表达产品结构，可以用以下几种方法：材料结构（material-structure-types）、归类结构、版本表述结构和差异结构。

应用系统中的产品数据存储在产品结构中，订单信息的处理、产品的具体数据及格式、访问函数及网络地址都存储在面向结构的产品模型中，只有通过产品模型才能访问系统数据库。这种方法难以实现不同系统中功能模块的集成，也难以避免数据冗余。

2. 面向几何的产品模型

面向几何的产品模型采用线框、曲面、实体及混合模型表达产品的几何信息，在 CAD、数控编程及有限元分析（FEM）中获得广泛的应用。有的企业还开发了自己的面向几何的产品模型，例如丰田造型设计系统。该系统使用了一种新的曲面表达及操作方法，可以对汽车外形的自由曲面进行交互式定义与操作，生成概念化汽车外形的几何模型。这种几何模型的数据结构与真实车体的结构一致，可供虚拟制造产品模型的生成借鉴。由于几何模型的数据是用来表达几何形状的，所以在非几何信息的表达方面遇到了困难。

3. 面向特征的产品模型

面向特征的产品模型采用"特征"（Feature）作为描述产品信息的载体，使产品的几何信息、拓扑关系和制造信息得到综合的描述。

特征是具有相同处理方式的几何形状和属性的集合，通过内置的处理方法表示为一组简单的参数。将特征的概念应用于不同的领域，形成了设计特征、制造特征、装配特征等。特征造型技术摆脱了传统的点、线、面造型元素的束缚，提供了一种在宏观基础上易于定义的描述模型和数据结构。它具有更高层次的几何描述和语义描述能力，支持整个产品开发的各个阶段，从产品需求分析、产品概念设计到详细设计、工艺及装配设计、数控编程到检测规划等。

目前，基于特征的建模方法进一步向面向功能建模的方向发展。利用零件定义语言 PDL（Part Definition Language）定义功能特征，进而由功能特征产生零件几何模型和产品几何模型。

4. 面向知识的产品模型

面向知识的产品模型以人工智能的采用为特征，采用面向对象编程，基于规则和知识的推理、决策等人工智能方法，将关于产品、工艺和环境的专家知识和经验集成在产品模型中。

这种方法将产品和工艺分类成各个抽象的对象，并在产品类中存储了过去设计、装配的零件及产品的设计和制造参数的信息。

关于面向知识的产品模型的例子是 IDEEA（Intelligent Design Environment for Engineering Application）。该系统集成了基于框架的表达、基于约束的语言、基于规则的推理、真值维护系统和面向对象方法，具有和分析程序、数据库、实体建模的接口。如图 5-3 所示，该系统可支持符号化或数值化的知识，支持不同角度的假象推理、冲突决策的自动辨识，还可以执行由不同生命周期驱动的多方面问题求解。IDEEA 被用于产品建模、工艺规划、企业集成以及已有设计过程的记录系统。

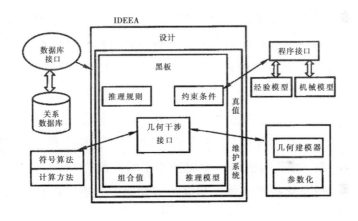

图 5-3

5. 集成产品模型

集成化的产品模型包含面向结构、几何、特征以及知识的产品模型，所有这些类型的产品信息都可以存储在一个集成化产品模型中。集成包含语义集成，这就意味着需要对设计、工艺、制造等方面的语义进行扩展以支持真正企业的应用集成。除了集成化的管理和产品信息的中性表达外，产品知识还必须支持产品的开发过程。产品知识包含产品历史、开发原理、顾客模型、技术要求以及失效模型。对产品知识的表达必须考虑产品生命周期中的各阶段信息。因此，集成化的产品模型是产品生命周期信息的完整表达。

实现集成化的产品建模的一个重要方法是 ISO 标准 10303-STEP STEP（Standard for The Exchange of Product Model Data）为产品开发定

义了一种中性的格式，用于产品数据的表达与交换。目的就是在产品生命周期中实现所有与产品相关的数据的完整表达，这种表达与具体应用系统独立。将 STEP 数据格式表示为中性的文件格式，为产品数据库的设计、过程接口的概念化奠定了基础。在表达的信息范围和可能的应用支持方面，STEP 要比以前的产品数据交换语言如 IGES、SET 及 VDAFS 更具有应用前景，因为后几种产品数据交换语言主要是为了使产品几何信息的交换更加方便，而 STEP 以完整的产品数据交换为目标，并提供了面向应用的软件实现方法学。虽然已公布了一些 STEP 标准，但还须进一步完善。可以预见，STEP 必将为集成产品开发过程提供一个完整的产品表达信息基础结构。

集成化的产品模型的一个典型例子就是 ESPRIT 工程的开发。该工程针对分布式零件制造中的产品建模，其目标是开发新一代产品设计和工艺规划的集成化建模系统。该项目在以下几方面取得了进展：①产品信息建模的集成化方法；②分布式零件制造中的一般和具体概念；③集成化产品及过程建模的系统组成；④集成分布式数据库系统，基于面向对象数据库管理系统的 EXPRESS 语言。该工程所采用的产品开发方法，对 STEP 的研究和发展产生了很大的影响，其成果在一些应用领域如薄金属板零件加工和复杂零件加工方面也都有很大的应用价值。

二、虚拟制造的产品全信息模型

（一）产品全信息模型的概念

虚拟制造环境下的产品模型应当是能够支持设计、工艺、制造、检测、装配、维修以及产品报废分解、再利用等全生命周期多层次活动信息交互和共享的全信息模型，它是一般意义上的计算机产品模型的更深层次上的发展。

产品全信息模型的内容，不仅包含产品定义数据，还应包括产品与环境的相互作用规律，以便规划及预测产品在全生命周期的变化，确定变换准则或变换属性。例如由毛坯与加工设备的交互产生中间形态的产品；由最终产品与应用环境的交互作用产生机械磨损，能量消耗及废弃物，导致产品形态及环境的变迁。

在产品生命周期的不同阶段，产品模型具有不同视图。在概念设计阶段，只需要概念化的形状信息；在详细设计阶段应具有零部件几何信息、拓扑信息和结构强度分析模型；在加工制造阶段，还必须提供工艺、装配、检验等相关过程的设计信息。因此，产品全信息模型实质上是一个表达产品各阶段各侧面特性的结构化符号集。

（二）产品全信息模型建模策略

产品全信息模型建模策略决定产品建模效率，一般可考虑三种建模策略。

（1）自上而下的建模策略：这种建模策略要求先建造产品模型的核心及其主要框架，然后由核心模型进一步衍生构成产品的多侧面模型，例如建造机械产品设计阶段模型时，可先描述产品的物理属性和支配产品功能活动的物理法则，形成产品模型的核心，然后基于该核心模型衍生出几何模型、有限元模型、运动学模型、振动模型，再进一步衍生出制造模型、装配模型等。

（2）自下而上的建模策略：这种建模策略要求先选择只含部分产品信息的某一产品模型，然后逐步添加其他信息，以构成全信息模型。例如先选择产品几何模型作为产品全信息模型的雏形，通过添加公差信息、材料信息、制造信息等构成适合全生命周期的产品模型。

（3）双向建模策略：在实际建模过程中，单纯依赖上述两种策略中的任一种策略都比较困难，因此更多地是采用两种策略的结合。

信息/知识全相关技术是指信息/知识的相互依赖关系，当模型的某一部分修改或变动时，相关的信息/知识也应相应地修改或变动，以保持产品模型的一致性和协调性。

模型标准化技术注重信息/知识描述的标准化与规范化，以提高建模效率，减少不必要的模型矛盾和模型交换中可能发生的问题。

（三）面向对象的产品建模

面向对象的产品建模是目前虚拟制造系统中主要采用的建模方法。

在产品建模过程中，产品的组成用树状结构描述，定义产品类、部件类、零件类和特征类。

1. 产品信息的类关联模型

产品信息模型用来进行产品的描述，采用面向对象技术建立以产品为中心的类关联模型，如图5-4所示。

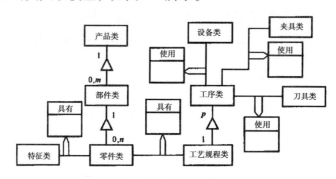

图5-4

产品类、部件类和零件类依次组成递阶式的整体与部分类的一对多的关联关系；工艺规程类和工序类组成一对多的整体与部分类关系；工序类和资源信息类中的设备类、刀具类、夹具类通过"使用"实例组成实例连接关系；零件类和工艺规程类、特征类之间由"具有"实例组成实例关系。

2. 产品信息模型

产品类和部件类的属性主要是静态属性，包括产品（部件）名称、模型名称、设计者、设计日期、轮廓尺寸、技术规格等。

零件类是部件类的子类，作为贯穿生命周期全过程的产品数据模型，它不仅包括静态信息，还包括动态信息。其静态信息可以用管理信息类、形状特征信息类、尺寸信息类和精度信息类4个子类模型表示。

零件类的动态信息应包括制造过程中半成品的状态信息，Iwata等人开发的 Virtual Works 系统中的加工过程零件状态建模子系统（State Modeling System）用4维对象描述加工过程中的零件属性，它包括三维实体模型、时间间隔及一组属性值。

在以生产规划调度为目标的面向生产的虚拟制造系统中，零件类的静态属性还包括工艺路线、交货期、批量等，动态信息则包括当前夹具号、机床号、托盘号等。

　　虚拟环境下的零件类属性中最重要的是可视外观。在已知工艺路线的情况下，可以用工序子模型描述加工过程中的半成品外观几何。在工艺路线未知的情况下，可以用动态属性描述工件几何，在加工过程中利用设备和工件之间的作用函数，修改工件模型，更改动态属性值。

　　图 5-5 所示为产品信息模型的静态属性，其中包含部件类模型。前 5 个属性表达了产品的基本信息，企业代号和生产周期是为协作者需求查询所提供的信息。

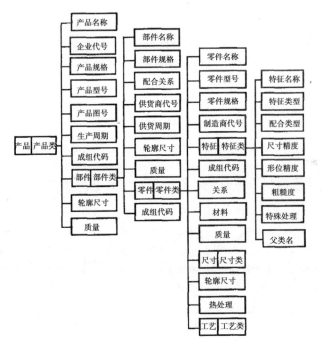

图 5-5

　　零件类信息模型是部件类的子类，表示部件的构成。零件的具体加工要求由零件的特征类和工艺类表示。零件的尺寸要求由尺寸类描述。

　　零件特征类是零件类的子类，表示零件的具体加工要求，在一定程度上描述了产品的动态属性，也即表示出零件加工面的特征信息。

父类名和特征名称是从其基类继承来的，具有相同的性质。

成组代码：字符串，表达零部件的成组技术标准编码。该变量为产品制造与 CAPP 技术的集成提供查询信息。

配合关系：二维字符串数组变量表示零件在部件装配中与其他零件的配合关系。其中数组的第一维表示与其相配合零件的名称，与"零件名称"变量相符；第二维表示相互配合的性质，"0"表示过渡配合，"1"表示过盈配合，"2"表示间隙配合。

配合类型：字符串变量，表示该特征面与其他特征面之间的配合关系。该变量与零件信息模型中的"关系"变量不同，"关系"变量表示零件与一组其他零件相配合的情况，而"配合类型"表示某个特征面与其他配合面的配合性质。

特殊处理：字符串变量表示该特征面的特殊处理要求，如喷丸、渗碳淬火等。与零件类信息模型中的"热处理"变量表达的意义不同，前者指对整个零件的热处理要求，而特殊处理是指对特征表面的热处理或特殊加工要求。

（四）过程模型的建模方法

在实际的控制工程中，对象过程模型的结构如图 5-6 所示，可划分成五个阶段：

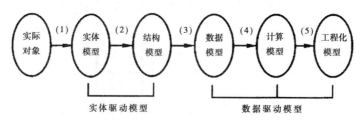

图 5-6

（1）由实际对象经过特征提取、要素分析、模式选择到形成框架性实体模型的阶段。

（2）由框架性实体模型经过相关物理、化学定律的应用及约束条件的确认到形成定性的结构模型阶段。

（3）由结构模型经过系统辨识、实验数据获得到形成定量的数值模型阶段。

（4）由复杂的数值模型经过离散化、算法化、简略化到在线计算机能实时进行有效计算的计算模型阶段。

（5）由计算模型到与控制系统、检测系统及与其他相关系统软件模块的连接与通信、调试及维护工具的使用等，即真正成为可执行的工程化模型阶段。

具体的模型化过程如图 5-7 所示。

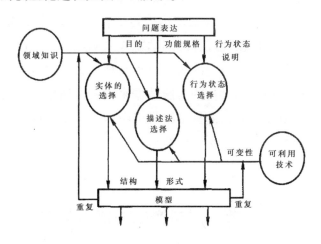

图 5-7

结构模型是在实体模型的基础上，应用物理或化学定律并结合某领域的知识等，并通过描述法的选择，建立反映功能与形式相结合的结构模型，进而确定模型的量化空间。当然，这些均在定性推理的范畴之内。

数据驱动模型的建模要点：根据已获得的数据，可以进行下列几方面选择。

（1）数据预处理的选择：要识别数据收集的质量（包括均匀性与相关性），去掉明显错误的数据。然后对数据进行筛选、整合，在可能的情况下，把数据按质量分类，进行数据与采用方法匹配的编码。

（2）数据的聚集（包括输出值）与特征析取的选择：即描述与所观察对象过程有关的特征值，以简化数据，同时需要从原始数据中析取能区别不同工况的特征值等。

（3）抽样汇总选择：建模时，应用其他数据作为模型检验用，所以必须对不同数据汇总进行选择，包括抽样时必须要考虑的、能否成功建模的各种附加条件。

（4）变量选择：选择最后用于建立模型的输入值，即要考虑所研究对象过程的特征，必须区分数据相关与不相关的数值。

（5）模型方式的选择：选择与数据和所表述问题相匹配的模型方式。

（6）模型结构的选择：是结构偏差与波动的平衡的选择。

（7）模型参数选择：模型结构确定后，还有一些参数是未知的。有些参数虽然可以由被控过程的运动规律来确定，但是由于在结构识别时简化了一些用简化假定的实际过程与环境关系的复杂性，使得那些参数也有待于用实际过程的实验数据来确定。所以，参数估计是系统辨识的一个重要部分，也是系统辨识中内容最丰富的部分。最小二乘法是常用的参数估计方法，单纯型、梯度法等传统优化计算中的方法在参数估计中也非常有用。

第三节　虚拟产品的技术基础

一、计算机辅助设计简介

在设计过程中，利用计算机作为工具，帮助工程师进行设计的一切实用技术的总和称为计算机辅助设计（CAD）。CAD包括的内容很多，如概念设计、优化设计、有限元分析、计算机仿真、计算机辅助绘图、计算机辅助设计过程管理等。在工程设计中，一般包括两种内容：带有创造性的设计（方案的构思、工作原理的拟定等）和非创造性的工作（绘图、设计计算等）。创造性的设计需要发挥人的创造性思维能力，创造出以前不存在的设计方案，这项工作一般应由人来完成；非创造性的工作是一些繁琐重复性的计算分析和信息检索，完全可以借助计算机来完成。一个好的计算机辅助设计系统既能充分发挥人的创造性作用，又能充分利用计算机的高速分析计算能力，即要找到人和计算机的最佳结合点。

二、计算机辅助设计技术简介

计算机辅助设计技术（DFX）是并行工程中的关键使能技术。DFX 中的 X 可以代表生命周期中的各种因素，如制造、装配、拆卸、检测、维护、支持等，它们能够使设计人员在早期就考虑设计决策对后续的影响，其中较常用的是面向制造的设计、面向装配的设计、面向成本的设计等。

现有的商业化 CAD 系统以及相关研究都是以零件为对象，整机设计则是把设计完成的单个零件拼在一起。这种方法和实际采用的设计顺序和设计方法是恰恰相反的，与并行设计的要求也是矛盾的。正确的设计方法和并行设计都要求设计从产品装配体（整机）开始，根据给定的功能要求和设计约束，首先确定产品的大致组成和形状，确定各组成零部件之间的装配关系和相互约束关系，然后根据装配关系把一个产品分解成若干零部件，在总体装配关系的约束下，同步地进行这些零部件的概念设计和详细设计。DFX 为实现面向装配的产品设计提供了一个有效工具。

三、虚拟样机技术简介

复杂产品的研发涉及诸如机械、电子和控制等多个领域，而传统的产品开发模式无法使多个领域的子系统达到最优组合。

传统新产品的开发通常要经过设计、样机试制、工业性试验、改进定型和批量生产几个阶段。由于技术的限制，在设计阶段获取的产品的各类相关信息极为有限，设计人员对详细设计方案的仿真和评估也很有限，很难保证设计中没有差错。由于产品的复杂程度加大，很少有人能够在开始阶段对整个系统有全面细致的理解。而且对于那些成本很高的产品，一旦出现难以弥补的设计错误，就会造成极大的损失。为了减少这种风险，通常需要建立一个等同于真实产品的物理样机，以获得产品的机械、物理、外观以及可制造性、可装配性等的全面信息反馈，从而更好地消除设计阶段难以发现的重大设计错误。但是复杂产品物理样机造价都很昂贵，而且很耗时。在迭代的设计过程中，一旦设计方案有重大修改，就需要重新建立物理样机，导致设计成本的增加和设计周期的延长。

面对越来越激烈的市场竞争，企业要保持竞争优势，就必须在最短的时间里设计并生产高质量的满足用户需求的新产品。而物理样机存在着上述缺点，最终导致产品的开发周期长且成本很高，成为企业保持竞争优势的一大障碍。如何有效地克服这一瓶颈逐步成为越来越多的企业和研究机构关心的课题。

在这种形势下，虚拟样机技术应运而生。虚拟样机是产品的多领域的数字化模型的集合体，包含有真实产品的所有关键特征。基于虚拟样机的产品设计过程可以以低成本开发和展示产品的各种方案，评估用户的需求，提前对产品的被接受程度进行检查，提高了产品设计的自由度；快速方便地将工程师的想法展示给用户，在产品开发的早期测试产品的功能；减小了出现重大设计错误的可能性；利用虚拟样机进行产品的全方面的测试和评估，可以避免重复建立物理样机，节省了开发成本和时间。

虚拟样机技术（Virtual Prototyping）与虚拟样机（Virtual Prototype）是不同的概念，虚拟样机技术是一个动名词，如何翻译还没有达成统一，本书中将其翻译为虚拟样机技术。虚拟样机技术是一种基于产品的计算机仿真模型的数字化设计方法，这些数字化模型即虚拟样机，它能从视觉、听觉、触觉以及功能、性能和行为上模拟真实产品。

虚拟样机系统的建立主要通过建立系统整体架构，以网络、数据库为基础，将当前的工程 CAD 软件、仿真软件、虚拟现实技术和工具集成起来；多家专业软件公司也在从事开发支持虚拟样机的专业软件，如 ADAMS、Plug&Sim、Statemate、OVF 和 DAKOTA 等，其中 ADAMS 是世界上第一个仿真研究整个系统工作性能的计算机软件，它将产品的建模功能、仿真求解功能与动画显示能力集成在一起，不但支持与 CAD/CAE/CAM 工具的集成，而且实现了机械系统动力学仿真软件与控制系统的集成，可将控制软件包输出的数学方程和逻辑框图输入到通过图形定义的仿真模型中，使虚拟样机模型包括了复杂控制系统，支持复杂机械产品的虚拟样机开发。

四、虚拟产品开发的集成技术

CAD/CAPP/CAM 系统集成的关键是 CAD、CAPP、CAM 系统间的产品数据交换和共享。但由于这些系统是从生产过程的不同侧面分别发展起来的，它们实际上只是独立的自动化"孤岛"，各自的信息处理过程都存在着特殊性，彼此间的模型定义、实现手段和存取方法均有差异，信息难以交换，资源不能共享。通常解决这一问题可以有两种基本方法：①开发新一代的 CAX 集成系统；②与现有 CAD、CAM 商品化软件结合，建立专用接口，实现系统集成。前者是解决 CAX 集成的根本途径。然而，从底层开发一个新的系统需要巨大的投入，技术上也有待完善，因此市场上至今没有成熟的商品化软件。同时，作为 CAD 和 CAM 之间信息桥梁的 CAPP 系统，因其自身的多元复杂性，且随不同企业需求的变化给系统集成带来瓶颈问题，国内外虽然都进行了广泛研究，但没有得到实用系统。因而利用现有的商品化软件进行集成成为一个节省资金、缩短开发周期的有效方法，能够较快地用于具体应用与实际生产。这种方式的集成就是要通过不同 CAX 系统数据结构的映射与数据传递，实现异结构数据源和分布式环境下的数据互操作和数据共享，利用各种各样的接口将 CAD/CAM 应用程序连接成一个集成化的系统。

因此，需要制定能支持产品生命周期的数据交换标准，应用这一标准来实现各个计算机辅助系统之间，特别是 CAD/CAPP/CAM 系统之间的数据交换和信息集成。国际标准化组织（ISO）的产品数据表达与交换标准 STEP，正是为了满足计算机集成制造系统对产品数据集成和共享的要求而发展起来的国际标准。

信息技术如 CAX、DFX、快速原型技术、仿真技术和 STEP 统一化数字化设计模型等新技术，为加速产品开发、提高产品质量提供了可能，同时也对传统的产品开发模式提出了挑战，人们不得不重新设计产品开发过程；而异地产品协同设计技术、产品数据管理技术、网络多媒体技术，对产品开发的管理也提出了新的问题，如何对现有产品开发过程进行改进和重组，在分布式环境下如何对企业的产品开发进行有效的管理，是当今工程设计和管理科学研究与实践的重要课题。特别是近几年来市场的快速变化、竞争愈加激烈和技术的不断更新，产品愈加复杂，更加放大了产品开发的动态性，尤其项目管理要求有更大的灵活性和更快的响应。

五 、虚拟加工技术简介

在 20 世纪 60 年代，计算机绘图系统和数控编程语言使 APT 达到了应用阶段，同时也使数控编程从面向机床指令的手工编程上升到面向几何元素的高一级编程，但是由于绘图系统与数控编程还只能借助图纸人工传递数据，所以应用效果不很理想。

进入 20 世纪 80 年代，陆续出现了一批将产品设计与图形编程相结合的 CAD/CAM 工程化、商品化软件系统，其中较著名的有 CAD-AM、CATIA、EUKLID、UG II、Pro/E 等，它们广泛地应用于机械、电子、航空航天、造船、汽车和模具等行业。据统计，CAD/CAM 系统在制造领域中使平均工效提高了 2420 倍。

实现 CAD 和 CAM 的集成是一种十分复杂的工作。所以在实际的制造系统中，经过 CAD/CAM 的零件，在正式加工之前，一般要进行试切这一步骤。试切的过程也就是对 CAD/CAM 系统生成的 NC 程序的检验过程。随着 NC 编程的复杂化，NC 代码的错误率也越来越高，如果 NC 程序生成不正确，就会造成过切、少切，或加工出废品，也可能发生零件与刀具、刀具与夹具、刀具与工作台的干涉和碰撞，这显然是十分危险的。传统的试切是采用塑模、蜡模或木模在专用设备上进行的。这不但浪费人力物力，而且延缓了生产周期，增加了产品开发成本，降低了生产效率，极大地影响了系统性能。

由于计算机性能的不断改善以及计算机图形学技术的飞速发展，计算机仿真技术在制造系统中得到广泛的应用。如果采用仿真加工来替代或减少实际的试切工作，就可以大大降低产品的制造成本，增加整个产品的竞争能力。

六、虚拟装配技术简介

虚拟装配的基本思想来自于"通过制造进行设计"（Design by Manufacture）。在一个通过制造进行设计的环境中，设计者可以在设计过程中通过虚拟的制造过程和工具，制造出虚拟产品。虚拟装配就是为这样一种全新的设计环境而发展起来的技术。尽管这种技术还没有完全应用于工业生产，但人们普遍认为虚拟装配技术总体上是可行的和有价值的。

虚拟装配技术在产品开发过程中的应用具有十分鲜明的优越性。它可以在很大程度上缩短产品开发期，提高产品设计质量，降低产品开发成本。在传统的产品开发过程中，产品设计、工艺设计与生产规划是依次串行完成的，若在下游开发环节，例如装配工艺设计阶段发现了产品设计的缺陷，往往得回溯到上游的产品设计环节去修改，这就有可能导致大的设计返工，从而延长产品开发周期，增加开发成本。虚拟装配技术的应用使得装配工艺设计在产品设计阶段即可相对并行的完成，不仅可以大为缩短开发周期，更为重要的是可以提高产品设计的成功率，使得所设计出来的产品能够装配到一起，并且很容易装配到一起，即产品具有良好可装配性。

七、虚拟产品开发管理关键技术

实现虚拟产品开发管理的关键技术是与其相应的内涵息息相关的。底层的技术支撑是计算机网络技术和分布式数据库技术，相当于硬的技术手段。较高层次的是各种相关的开发哲理及不同的应用系统，相当于软的技术手段。各种技术都是与虚拟产品开发管理的内涵相适应的，包括：

（1）虚拟产品开发组织管理，主要包括的关键技术是集成产品开发团队的组织以及相关权限的管理。

（2）虚拟产品开发数据管理，主要包括的关键技术是产品数据管理（Product Data Management，PDM）技术，包括版本、版次等的管理。

（3）虚拟产品开发配置管理，主要包括的关键技术有产品配置管理（Product Configuration Management，PCM）技术、大规模定制技术（Mass Customization，MC）等。

（4）虚拟产品开发流程管理，主要包括的关键技术有产品流程管理（Product Development Work flow Management，PDWM）技术、并行工程技术（Concurrent Engineering，CE）等。

由上述的描述可以看出，各项关键技术均涉及传统意义上的产品数据管理（PDM）的各个使能技术模块，可以说产品的数据、配置、流程的管理是实施虚拟产品开发管理的基础性关键技术。当然在进行虚拟产品开发管理的过程中，应综合贯彻各项先进的设计开发哲理和技术。例如，在产品配置管理（PCM）技术中结合大规模定制技术（MC）、在产品流程管理（PDWM）以及组织模型和权限管理技术中渗透并行工程（CE）的思想等。

各个关键使能技术的运用层次关系不是彼此独立的，而是彼此之间具有强烈的互相渗透的特点，是相辅相成的。总体的基础建立在计算机网络和分布式数据库技术上，而实现 PCM 和 PDWM 不仅需要相关的如 MC、CE 等思想的支持，同样是建立在 PDM 的技术支撑之上。具体的层次关系如图 5-8 所示。

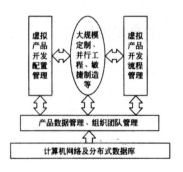

图 5-8

第四节 虚拟产品的管理应用

一、虚拟产品开发管理内涵

随着产品开发向虚拟化方向的逐步深入和各单项相关技术的逐步成熟，进行虚拟产品开发管理的必要性和可行性的条件也日趋完善。虚拟产品开发管理是建立在计算机科学技术和CAX技术发展的基础上而逐步成熟和完善的。通过计算机网络技术实现虚拟产品开发的组织管理、数据管理、配置管理、流程管理，实现全数字化的开发管理和产品开发各阶段的有序协调的并行工作，最终是实现以最快的速度响应市场需求、设计制造出最低成本、最优质量、提供最优良售后服务的产品，实现优势开发思想，提高产品的竞争力为目标。

虚拟产品开发管理以网络化技术和数据库技术为支撑，针对数字化产品对象，提供集成化的开发环境，通过信息的合理流动、流程的有序控制以及人力资源的组织等的协调运行，实现产品开发过程的和谐管理。产品开发管理是源于实际的朴素要求，在不同的技术条件下有不同的理解和实现方式。最初展开的是针对各个单元或者环节的自动化技术，如CAD技术、车间调度、制造资源管理等，并且从中诞生了大量的算法和软件以支持上述技术的实现。

网络基础是虚拟产品开发的依托环境，因此从内容上要求进行产品开发的虚拟化的组织、数据以及流程方面的管理。任何产品开发管理都必须首先进行产品开发团队的组织以及产品开发数据的管理，在流程管理的控制下，实现正确的数据在正确的时间以正确的方式传递到正确的人员并进行正确的操作，就是虚拟产品开发管理的核心内涵。虚拟产品开发所操作以及最终获取的对象是虚拟样机，为大规模定制所要求的设计与定制分离的开发提供支撑，在此基础上通过配置设计可以实现满足客户个性化需求的产品定制，因此将配置管理纳入虚拟产品开发管理当中并加以阐述。

综上所述，可将虚拟产品开发管理的内涵归纳为以下4点：

（1）实现虚拟产品开发组织管理，规范集成产品开发团队的组织。

（2）实现虚拟产品开发数据管理，为整个开发过程提供数据的有效管理。

（3）实现虚拟产品开发配置管理，快速配置出满足需求的产品原始模型甚至最终产品。

（4）实现虚拟产品开发流程管理，保证整个虚拟产品开发过程的有序和协调。

总之，所建立的虚拟产品开发管理系统应能够对整个的产品开发提供一个支撑平台，协调各项支持产品开发的使能技术，为产品开发的整个过程提供灵活的组织、数据、配置、流程管理，最终有效地支持虚拟产品的开发。

二、产品数据管理技术

虚拟产品开发过程会产生大量的产品数据，如设计数据、分析数据、文档数据、模型数据、绘图数据、加工数据、工艺数据、过程数据等。这些数据之间并不是独立存在的，有效地管理这些数据将会大大地提高虚拟产品开发的效率。

（一）PDM 的概念

产品数据管理（PDM）目前尚没有统一的定义，这里列出两个比较有代表性的定义。一个是 Gartner Group 公司的 D. Burdick 给出的定义："PDM 是以软件为基础的技术，它将所有与产品相关的信息和与产品开发相关的过程集成在一起，与产品相关的信息包括 CAD/CAE/CAM 文件、物料清单（BOM）、产品配置、电子表格、生产成本、供应商状况等；与生产过程有关的过程有加工工序、加工路线、过程的审批权限、版本、工作流程、人员组织等。"另一个是 CIMdata 公司的 EdMiller 在"PDM today"中的定义："PDM 是管理所有与产品相关的信息和过程的技术；与产品相关的所有信息，即描述产品的各种信息，包括零部件信息、结构配置、文件、CAD 档案、审批信息等；与产品相关的所有过程，即对这些过程的定义和管理，包括信息的审批和发放。"从这些定义可以看出，PDM 技术是对数据和过程的管理。

（二）产品数据的特点

（1）数据类型多。产品开发过程涉及的环节多，包含有各种类型的信息，如字符、图形、图像、视频、声音等，这些类型的信息从不同的侧面表达了产品数据，如设计环境信息包括开发产品的各种规范、设计准则、设计方法、标准元素等。产品的设计数据包括几何数据（如 CAD 模型）、工艺数据、工装数据、数控加工数据等，它们可能是图形数据（各种图形、仿真、模拟、动画）、数据库数据（各种表格数据）、分析数据（有限元分析、运动机构分析等）、图像（网络浏览产品模型）等。

（2）数据量大。数据量大源于两个因素：一个是与产品整个生命周期的各阶段的数据有关，另一个是与产品自身的复杂程度、零件数量有关。例如管理一个飞机产品或者航空发动机产品，零件数量都在几万个以上，而且零件的曲面多是自由曲面，使得数据量很大。

（3）动态性。设计过程本身是一个不断迭代和完善的过程，在这个过程中产生的数据是不断变化的，在各设计活动之间数据的修改必须保持模型数据的一致性，因此数据的动态性为管理带来了难度。

（4）数据结构复杂。产品的不同阶段和表现的内容都不相同，数据结构非常复杂，有结构化的，也有非结构化的，有层次结构的，也有网状结构的，这些为产品数据的统一管理增加了难度。为了处理不同的数据结构，就形成了不同的应用系统。

（三）PDM 的基本功能

早期的产品数据管理主要是针对图档管理，这是因为当时的 CAD 技术水平所限。随着数字化技术的发展，PDM 管理的信息越来越庞杂，功能越来越强大，PDM 的功能主要有：

（1）电子仓库和文档管理：电子仓库是 PDM 的最基本功能，它提供了存取产品生命周期内所有数据的能力，支持数据的生成、存储、查询等。电子仓库提供了一种数据存储机制，它保存了管理数据的数据（元数据），这些数据是指描述产品的物理文件和数据指针，为PDM控制环境和管理提供依据，允许用户方便地访问产品的全部信息而不必关心数据的物理位置。

文档管理提供对电子仓库中文档的管理和控制。例如产品资料的分类组织、模型文档的版本管理、对象的查询、动态浏览与导航、数据资料的状态控制、权限控制及安全保密控制。

（2）产品配置管理：产品配置管理以物料清单为组织核心，把定义最终产品的所有过程数据和文档联系起来，对产品对象及其相互之间的联系进行维护和管理。例如产品结构定义和维护、产品数据资料的导航、产品配置和系列产品管理、CAD和PDM之间的结构协同等。

（3）流程管理：流程管理用来控制产品设计制造活动的提交、审批、发放过程和更改过程。一个产品的流程是可预先定义的，一旦定义好后，设计过程就按照流程的顺序自动进行。流程中的每个节点代表了过程中的一个环节，一个环节的结束必须通过审批确定（通过电子签字），如果审批通过，则自动进入下一个环节。每个环节是否允许通过，与预先定义的审批规则有关。在定义审批过程时，必须定义审批规则和审批人员，例如一个环节的结束是采用一票否决制还是半数通过制，审批人员的组成是由哪些部门的人员构成等。对于更改过程，当前环节的审批未被通过时，需要回到当前环节的产品模型中修改模型。由于模型提交给审批过程后，模型就处于锁住阶段，任何人无权更改，因此更改过程需要将模型解锁，在当前环节允许模型修改，并再次提交。这是一个非常复杂的过程，特别是设计和制造之间的更改有时会非常频繁，控制这个过程需要工作流系统有较好的柔性。流程管理还必须适合并行工程的需要，这是一个更为复杂的流程管理。在并行工程环境下，更改的范围可能要跨越若干个环节，提交的模型需要考虑中间信息发布和最终信息发布。审批和发布流程如图5-9所示。

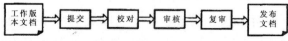

图5-9

（4）软件集成功能：产品数据管理系统管理各种类型的数据和模型，要达到集成的目的，必须对不同数据和模型的应用软件提供封装工具的功能，例如面向一般软件的封装机制、面向 CAD 的集成机制、面向 ERP 的数据库链接、面向浏览器的页面集成等。

（5）项目管理功能：项目管理是为管理者提供项目的进展活动和状态的查询和浏览工具。例如产品开发项目的人员组织、构造产品开发的虚拟团队、自顶向下的工作分派、产品开发任务的动态监测等。

（四）PDM 的体系结构

PDM 具有开放的层次体系结构，如图 5-10 所示。

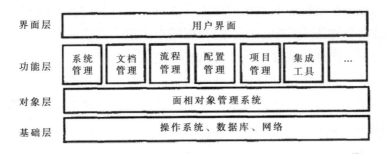

图 5-10

基础层：提供 PDM 的基础支撑平台，包括操作系统、关系数据库、网络等。

对象层：介于基础层与功能层之间，能够屏蔽系统的异构环境，如操作系统、数据结构特性，使得用户的操作透明化。目前的面向对象的数据库不能很好地支持工程数据的管理。PDM 使用的数据库仍是关系数据库，所以面向对象管理系统建立了对象框架，使得 PDM 系统是一个面向对象的系统。

功能层：功能模块层提供了系统的核心模块，这些模块构成了PDM 系统的总体功能。

界面层：用户界面层是直接面向用户的，提供了用户与系统的交互窗口。

（五）在 PDM 下的产品数据定义与管理

（1）以产品对象为核心的产品数据组织。为了描述和管理产品数据，面向对象技术可以被用来定义产品数据，通过继承和封装的思想，保证产品数据的重用性和可扩充性。

产品数据从内容上看，包括描述产品自身的几何信息和非几何信息、产品开发过程中的数据之间的关系、人员组织模型和产品过程的管理信息。从分布上看，数据分布在不同的系统和计算机中，具有典型的分布性。从表示形式上看，信息有结构化和非结构化数据。

面向对象技术将复杂的产品信息实体看做对象，对象之间的关系可以通过消息的传递激活相应的方法实现。在产品的开发过程中，产品始终是各种活动的中心，产品数据的组织应当以产品对象为核心来组织数据。产品、部件、零件可以被抽象成一个产品对象，与产品对象相关的数据文档可以封装为数据对象，数据对象和产品对象相关联就构成了面向对象的产品数据定义。以产品对象为核心的产品对象结构如图 5-11 所示。

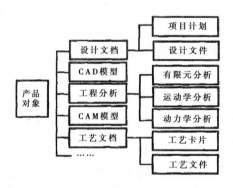

图 5-11

（2）产品结构树。产品结构树是产品对象层次结构的一种表示形式，产品结构树从功能层次描述了产品零部件之间的装配关系，它由产品、部件、零件构成。

1）产品：企业生产的产品，可以是产品、部件、零件，并具有一定的功能。

2）部件：具有由一定功能的零部件组成的子装配体。

3）零件：泛指具有单一功能的产品装配的最小单位。

对于零件来说，可以进一步分类，作为其子类描述：

1）标准件：由一定部门发布的标准件，如符合国家标准、行业标准、企业标准的标准件。

2）外协件：由外单位加工，本单位提供技术资料的零部件。

3）外购件：直接购买的零部件。

4）自制件：由本单位加工的零部件。

每一个子类的信息构成不同，管理的数据也不同。PDM 系统会按照对象的方式建立产品结构树，并将相应的信息进行封装。围绕着产品对象、产品的版本管理、审批过程、权限管理、文档管理，将与产品对象建立相应的关系，共同实现对产品数据的管理。

在 PDM 下的产品数据，具有下列优点：信息集成度高，便于管理，存储冗余量小，模型易于保持一致性，操作方便。

经过长时间的发展，目前商业化应用 PDM 软件已经越来越多，功能也越来越丰富，并且随着技术和思想的进步，正在完成向更高层次的蜕变，如向 CPC 和 PLM 的发展。从另一个角度来说，PDM 和 ERP 之间正在互相渗透，联系两者之间的 CAPP 已经在很多 PDM 软件中可以发现，而 ERP 也正在向 PDM 进行渗透，相信在将来会实现两者的融合。在软件架构上，也从传统的客户端/服务器端转变为应用 COR-BA 协议或者 J2EE 架构的浏览器、Web 服务器、应用逻辑服务器、数据库服务器等实现显示和应用分离的工作模式。随着技术的成熟和市场机遇的凸显，国内也开发了多种 PDM 软件。

虚拟产品开发管理是与虚拟产品开发相对应的，并随着产品开发手段的完善作相应的因应变化，其两者之间的关系是相辅相成、互相促进的。上述从虚拟产品开发管理涉及的几个主要方面作为切入点分别做了相应的管理及其实施的策略性研究。虚拟产品开发涉及的主要方面是组织及安全权限管理、数据管理、配置管理、流程管理四个方面。由于虚拟产品开发不同于传统的产品开发，并不仅仅是各应用系统的简单叠加；管理平台的开发涉及现在出现的各种先进的设计哲理，其间应深刻贯彻先进的管理思想，使所建立的开发平台能真正促进产品的虚拟开发。本章也对管理平台的实施做了相应的介绍，结合过去的实施和应用经验提出了相应的实施策略：虚拟产品开发管理涉及各种先进的设计哲理，如何建立一个平台能有效地对各种哲理提供支持是一个日益迫切的发展课题，对系统的开放性以及先进性提出了更高的要求。当然，也不是说将所有的设计哲理渗透到管理平台的规划和实施中，而应根据企业的具体情况，有针对性地实施某几种设计哲理。虚拟产品开发管理平台的实施是关键，实用是最切合实际的选择，为了实现这个目标，就必须注意管理平台的实施策略研究，应真正结合企业的实际情况，组织合理的实施队伍，认真规划，才能真正促进和实现产品的虚拟开发。

第六章　虚拟产品的设计与加工

实践证明，利用信息技术对传统产业进行技术改造是一条必由之路。在虚拟产品开发中，产品开发过程在能够支持并行设计的 PDM（产品数据管理）系统管理下，采用先进的软件系统帮助设计人员完成多学科产品的设计开发和创新过程。虚拟产品开发的主要目标是将产品描述为数字模型进行分析并仿真产品的行为，开发过程中将大量采用先进的应用软件系统，需要改变常规的设计模式。

第一节　虚拟产品的设计

现代化制造企业由设计、生产、市场服务三大部分组成，无论形式上如何表现，其侧重点如何不同，其内在本质是一个不可分割的有机整体，因此称为制造。而利用计算机模型和仿真等综合性技术来实现的虚拟制造，可以分为侧重于设计的虚拟设计、侧重于生产的虚拟生产和侧重于市场的虚拟服务，同样它们也是有机整体，不可分割，如图 6-1 所示。

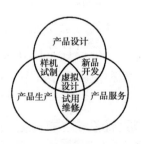

图 6-1

根据产品市场服务的需求，产品设计需要在原有基础上进行新产品的开发，需要用户的设计需求、使用经验和应用环境的模拟，同样设计部门提供产品的虚拟展示、使用说明。生产部门按设计稿进行样机生产试制和性能测试，可以使用虚拟样机完全或部分地取代实物样机，设计部门通过生产工艺信息和样机测试信息来改正和规范其设计，使用虚拟设计系统将生产经验和规范融入到设计中。生产的产品通过试用来改进，完善后批量投入生产、销售、应用，进行维修保养服务和意见反馈，这些是虚拟设计的数据来源和支撑。因此，虚拟设计是在生产和售后服务经验数据支撑下，采用虚拟仿真方式，设计完成满足用户使用需求和环境、能有效投入批量，生产的数字化虚拟产品。

在一般观念中，通常设计在前，生产在后。在虚拟制造系统中，也需要先做产品设计模拟，再进行产品模型的虚拟加工生产，而且虚拟生产系统也需要设计的监督。因此，产品虚拟设计是虚拟制造系统的入口，有了产品的数字化三维虚拟模型，才能构建与生产、销售、培训等后续应用的有机融合。

虚拟设计的原始需求是虚拟样机技术。当 CAD 技术发展到一定水平后，制图和零部件模型问题已经解决，设计人员希望用计算机来制作虚拟产品取代实物样机的检验测试功能，使设计的产品在实物生产之前，即知道其状态和性能。

目前，许多 CAD 软件已经始增加此项功能，虽然还达不到完美的要求，但起码使模型的拼装不出现错误。随着制造技术的发展和社会环境的变化，制造业对虚拟设计的需求也不断提高。

一、虚拟设计功能概述和构造

要实现制造业对虚拟设计的需求功能，首先要在现行设计生产系统和技术的基础上，建立由虚拟设计软件和支撑硬件系统构成的虚拟设计系统，涉及系统的开发和使用两个环节，如图 6-2 所示。

1. 系统服务功能

一个投入使用的虚拟设计系统，首先是一个服务体系，图 6-2 的中间部分是由服务核心软件和处于网络中心的处理服务器构成的服务中心，集成了设计相关的计算处理功能、数据记录和管理功能、网络任务分配调度功能、产品设计图纸模型及相关数据的使用和管理，同时根据设计终端请求进行计算输出。

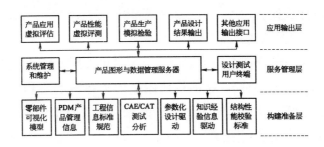

图 6-2

以往 CAD 设计部门的服务，主要注重于产品图纸相关的信息服务，比如产品图纸的入库和调阅、图纸格式、设计规范文本、标准件信息库、图纸的网络传送打印管理等，按实际处理功能来讲，应该属于设计部门的办公自动化范畴。而虚拟设计的服务范围和内容已经有了本质的变化，不再是围绕着图纸的计算机化绘图，而是为设计提供更加自动化、智能化、融入生产与应用的实用性的工具和方法。

2. 系统数据库和基本功能构建

针对企业设计环境和需求的不同，事先完成虚拟设计系统的服务内容，包括数据库和功能模块，如图 6-2 中构建区域所示的内容。

3. 产品可视化模型

虚拟设计系统要建立完善的服务体系首先要建立产品零部件模型，主要包括以往历史系列产品的零件、部件、整机、外购件、标准件、替换备用件、测试件等三维模型，以企业当前使用的三维 CAD 软件为制作基础平台，按产品系列和主机部件的装配目录关系进行零部件图形库的整理和记录。

目前，大多数企业由于发展历程原因，并不具备这样的模型库，只是近几年的产品图纸使用了三维 CAD 软件建立模型，而老产品的借用件仍然使用二维图或纸质图纸，且 CAD 版本和种类即文件格式也不尽相同。这需要企业在整理产品线的同时一并完成统一的建模工作。

当前，正在设计和将要设计的产品图纸也应该按照新的模型制作规则进行，及时入库添加，在工作中不断丰富模型数据库。

形成产品模型库后，设计人员在改型设计或新产品设计时，可以方便地查阅虚拟零件的图形和信息，并能直接调用或修改，这样可以大大加速设计过程。

4. PDM 产品管理

企业产品图形管理有较多的形式，通常可按照 CAD 软件中装配图的 BOM 表进行文件归档，有的按照图纸信息档案填入 ERP 管理系统中。通常，图纸的管理仅限于图号、图纸内容等基本信息，从而使图纸资源的有效利用受到限制。

虚拟设计系统要求按照产品系列的纵向和横向关系，建立以三维模型库为基础的功能模块，实现模块化设计、模型建立、协同装配、校验修改、设计审核、图纸工艺生成、打印储存为一体的内容和流程管理系统，为新产品的设计和其他部门的应用提供全方位的服务，从而使产品设计流程更加畅通和有效。

辅助功能应实现设计修改的自动记录，设计工时自动统计分析、装配检验分析讨论、审核批注和复审意见、归档确认、转换输出到其他应用部门的记录和意见反馈等。

系统管理员应行使系统维护、管理工作，设计负责人应行使审核、批复等技术管理工作，部门领导可以调阅和实施监督，主管领导和人事部门可以对工作进度、工作质量和工作量进行自动统计监管，其他部门可以请求图形数据的调用和转换。

5. 工程标准信息

产品零部件除了模型图之外，其工程属性和相关信息对设计来说更加重要。企业并不缺少会 CAD 制图和建模的人，图纸文档可能都有，但缺少相应的工程属性数据和信息。因此，要翻阅和查找产品图纸和设计计算说明书，收集相关信息，按照产品 PDM 管理系统规定，将信息归入数据库，并与模型建立关联。然后设定数据自动调阅功能程序，在设计人员调阅或使用模型时，这些信息会自动跟出，为设计和生产人员提供参考。

6. CAE 测试分析

CAE 大家较熟悉，但真正较专业的使用并不多，关键是 CAE 并不是经常使用的工具，但需要时要求就很深入。为此，虚拟设计系统需要针对企业产品线进行综合分析，找出需要使用 CAE 分析的零部件或零件结构体，形成参数化标准分析模型，形成分析程序，一方面分析常规尺寸或结构在关键点上的数据，将预分析结果存入数据库，设计人员可以调阅参考，如果不在关键点上，系统会提供可靠的插值结果供参考，如果还不可信，可以提出参数化分析程序模块，输入模型参数进行分析输出，从而将每个设计人员变成专业的 CAE 分析师。

对于装配体或整机性能预测，需要 CAE 分析模块结合虚拟样机、虚拟环境和生产信息进行计算，得出性能指标的预测值，为进一步修正和评估提供依据。

通常，产品设计中的设计因素很多，可调整的参数也有许多。从构建方法上说，需要有专业的 CAE 分析人员来建立分析程序模块和预分析数据。从程序功能上来说，要建立参数化模型和分析程序、数据储存和插补推理，以及有企业资深设计师提供的建议报告。要随着设计人员的零部件调用提供 CAE 分析建议和提醒，按需求提供专业化的性能分析预测报告。

7. 参数化设计驱动

企业产品设计的特点大都是在现有产品系列上进行改进设计。在前述产品模型和 PDM 管理基础上，建立模型参数化驱动的快速设计程序模块，是加快设计进程的有效工具。

将现有产品从零件、部件，甚至整机均建立三维特征、模型结构尺寸和装配关系的参数化方程、数据表和驱动程序，随 PDM 管理的零部件模型一同入库。可以按照装配目录层次关系，输入或选择新的目标要求参数或尺寸，新的模型和装配体便可以自动生成，其相应的虚拟模型体可以运作检查其合理性，从而大大加快模型设计进程。

参数化设计也遵循上而下和自下而上两种设计方法。对于同系列但不同参数型号的产品设计，可以使用原有参数化产品的整机性能参数输入，让计算机自动生成所有的零部件和虚拟样机模型，然后进行虚拟样机校验，再根据细节要求改进某些零部件，重新虚拟校验。对于不同型号的改进设计，其零部件更换较多，宜采用自下而上的参数化设计，将 PDM 中型产品的目录树构造完成，规划好可以借用或参考的零部件，改变图号等属性后，实施参数化设计，然后加入新设计的全新零部件形成新的产品。

在虚拟设计系统构建上，要将原有产品的零部件模型和装配体等进行参数化程序和数据处理，并入库。程序体可以使用 CAD 软件的内嵌高级语言，如 VBA 等，也可以使用虚拟设计系统的统一语言编写，实现虚拟系统、PDM、模型、驱动数据和驱动生成程序一体化运行。部件或整机的虚拟样机应该能自动生成，并提供样机装配、维修、运动、力学等性能分析预测功能。

所生成的零部件模型或虚拟样机模型，应该能在网络上发布，产品设计的主管、协同人员或其他部门的相关人员应能够根据权限调阅和审查，并能反馈修改建议和协同分析讨论。

8. 知识经验信息

知识经验继承问题是每个企业面临的重要问题。设计人员缺少经验是设计的瓶颈。因此，虚拟设计系统需要提供知识经验信息给设计人员，内容主要包括历史产品设计经验、当前进行的设计经验、用户使用和反馈信息、维修维护人员的经验和信息、生产人员的反馈信息、采购信息、设计标准、设计生产知识、标准件和标准化信息等。

程序功能上，需要实现数据的分类整理、索引调用、根据设计进程或零部件调用时的提醒、信息推送、设计过程的经验信息采集记录和使用分享。

根据实施经验，最困难的是经验数据的采集、整理和积累。这需要企业有此意识，并使用软件系统和规章制度来保障，时间久了，经验记录和分享就变成了设计人员的有用工具，会给自己和团队带来好处，也就成为了分内事。建立好功能较完善的软件系统后，应用就会变得方便和容易。

对于程序开发者来说，这一部分也是较困难的，主要涉及专家数据库系统的开发。专家系统概念早已清楚，但实施起来比较难，尤其是针对制造业，经过几代人历史进程的积累，数据的整理是一件困难的事，数据的分类索引和推送更是有技术上的困难。

根据开发实施经验，采用网络搜寻引擎中的通用模糊查询法对设计而言不能满足要求。可以采用产品设计中的图号、结构、特征、性能、产品、加工工艺等这些设计人员在设计中具体碰到的细节参数作为关键词附加到信息中，除了主动查寻功能外，建立按关键词关联的信息推送方法主动提交给设计人员。

信息记录在 PDM 管理中后台运行，设计人员一旦改变了设计，在存盘或提交时需要填写设计记录和体会，设计审核校验者同时对信息条目进行审核，并批复采用的条款内容，系统自动完成信息索引并存入服务器数据库中。

9. 实施和校验标准

产品设计过程中，校验和审核是非常重要的，以往采用主管设计师或总工程师审核的方式，久而久之形成了设计人员只管设计、不管校验的问题。

虚拟设计系统需要给设计人员提供及时的过程校验功能，包括设计时的计算标准、校核标准、检验标准、产品实施工程中的加工标准、采购标准、性能检验标准、中间件或工序检验标准、装配施工和检验标准，产品销售和维护过程的实施标准、第三方质量检测标准、行业相关标准等。

这些标准给设计人员提供了参考和设计可靠性保障。然而，如果把标准文本数字化后一股脑地提供给设计者，那跟书橱中的文件没什么两样。虚拟设计系统需要将这些标准分类进入数据库，按使用目的进行关联索引，按照设计人员当前的设计类型和所处的进程阶段进行筛选提供查阅或推送。同时系统根据设计内容在完成阶段性设计时提出检查选项，并根据需要提供部分自动检查校验处理，虽然自动检查校验不可能做到全部，但至少保证关键性的检查或规定的常规检查，这不但减轻了设计人员的校验工作，也促进了自我校验检查意识的提高，而且可改变设计人员只关心和校验结构尺寸的习惯。

另一方面，部件或整机的虚拟样机测试主要由系统程序来完成，这需要给程序设定检查判别标准。虚拟样机是生产前的检查，直接关联与生产和市场的实施规范。程序实现的方法通常是将分析计算结果按检查指标项目逐项进行对比核查。涉及多项交叉时，使用加权法累计对比和逐项对比相结合的处理方法。

10. 应用输出和跨系统接口

虚拟设计系统在构建数据和功能模块支持下，为设计人员提供服务，那么输出模块就是服务功能的体现。

11. 产品应用虚拟评估

产品设计是否合格，首先应该由用户来判断。采用虚拟设计技术后，可把设计稿变成在虚拟用户环境下模拟运行的虚拟样机产品，让用户体验和试用，并提出修改意见。在定点大客户情况下，如飞机、盾构等大装备，通常都采用这种方法。对于处在市场竞争中的产品，通常采用内部客户或代理商进行虚拟试用的方法，如汽车、电子产品等，主要考虑同行竞争问题。无论哪一种，企业都需要组织内部和外部的人员尽量站在客户角度进行测试和评估。与下面所述的产品性能评测不同，在用户层面上的应用虚拟评估，不能展露核心技术秘密，只体现功能和应用环境的适应性等指标，而内部评估则不考虑这些问题。

与内部评估不同的还有该评估还兼有宣传展示作用，必须具有体验、展示、功能和形式共有的作用，因此不遮拦缺陷的外在表现是必要的。

在技术层面上，应用虚拟评估涉及虚拟样机运行控制、虚拟体验装置和程序、宣传装饰、应用环境模拟、评测反馈等技术实现。需要系统的功能开发和在输出基础上的后期制作，通常由设计和市场服务部门共同完成。

在执行层面上，虚拟设计系统自行执行对产品的应用评价，依据数据库中预先录入的校验标准，这是第一道关口；交由用户、设计人员、市场人员的人工测试评估，这是第二道关口。

12. 产品性能虚拟评测

产品性能评测是一个综合性和深入性的指标检验评估，与应用评估有很大的差别。性能包括产品所涉及的内部性能，如材料性能、速度、温度、压力性能，载荷、冲击、震动性能，运动平稳性、寿命稳定性等。通常测试这些指标是以生产成品检验指标（产品出厂性能指标）的 n（n>1，具体数值各种产品不尽相同）倍来实施的，也包括比用户评估更全面严格的功能测试，还包括生产工艺、外协测试等。主要局限于以设计部门为主的企业各部门合作的内部测试。

需要虚拟样机基础上的性能测试评估技术的开发，在服务系统数据和功能模块的支持下在终端机上完成。

13. 产品生产模拟检验

应用和性能检测评估完成后，进一步完善设计后产生的虚拟样机，需要根据生产部门的加工生产设备、人员、能力和技术水平，包括外协工厂，进行虚拟生产测试评估。

需要在虚拟样机技术的基础上，结合虚拟生产车间的模拟运行，进行零部件的加工生产、自动化控制、装配、质检、配件供应和物流模拟，从而得出批量生产的适应性，其结果用于调整产品设计或调整生产系统。同样需要进行虚拟生产测试技术的开发，在服务系统数据和功能模块支持下，在终端机上完成。

14. 产品设计结果输出

完成所有的评估测试后，修正后的设计基本可以定稿，此时可以输出图纸、设计报告、生产规划报告和市场销售展示及说明文档，最后进行产品的实物生产，再行检验和完善。

15. 其他应用输出接口

设计部门图形文档可以直接生成其他应用数据，通过虚拟设计系统的输出接口进行转换，输出到虚拟系统的其他功能模块，如虚拟生产和服务，市场部门产品说明书上的装拆爆炸图、结构示意图、功能说明图，宣传视频图片、虚拟体验装置、维护保养指导、网站虚拟图形发布、维修培训等；生产部门的控制程序、数控加工程序、虚拟生产流程模拟数据、工件加工模拟、生产物流调度模型等。有些输出，可能得不到直接使用的目标，但可以输出后期处理的基础或素材，有效地提高系统性的应用能力。

技术上需要开发与其他应用软件系统的连接和转换程序模块。

16. 应用输出和跨系统接口

通过 Intranet 的企业内部用户终端或通过 Internet 产品用户或销售服务商终端，可以根据权限访问虚拟设计系统，以虚拟图形加信息方式调阅所需的资料。企业内部的其他应用系统也可以有限地读取虚拟系统的内容，反之亦然。

由于涉及网络安全问题，通常设计部门的虚拟设计系统通过防火墙外接，或干脆发布到一个专门对外的服务器上对外连接，使内外网完全隔离。

通常，虚拟模型的发布功能由虚拟设计系统所开发的功能模块来实现，其他动能交由网络管理员来实现。

17. 终端用户应用

终端用户除了实现上述输出功能和浏览访问功能外，本部门的终端上还必须开发安装客户端软件，来实现虚拟系统控制下的请求、查询、应用、涉及协同、数据录入、图形渲染和交互操作等终端应用功能。许多情况下，设计终端需要配合服务器共同完成处理工作。

18. 系统管理和维护

系统管理功能需要实现系统的配置、权限管理、数据管理备份等，设计信息维护需要实现数据信息录入、整理、图纸打印存档转借记录等管理功能。

以上讨论是按照虚拟设计系统的应用构架为主线展开的。如果按照系统的开发构建来划分功能模块，则可以使用如图 6-3 所示的链状表示。

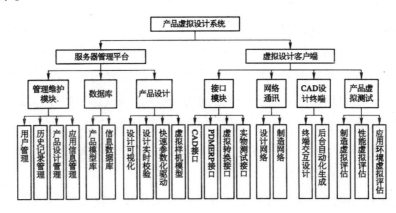

图 6-3

虚拟设计系统的软件系统是在现有 CAD 设计平台基础上建立的，功能上有很大的不同。硬件支撑和网络架构不需要有太大的变化，可参考图 6-4 所示的架构图，在此不再赘述。

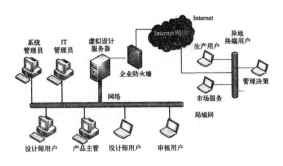

图 6-4

综上所述，虚拟设计系统是虚拟制造系统的入口，是不可分割的组成部分。制造企业对虚拟设计提出了多样性的需求。建立虚拟设计系统，需要从基础模型数据和功能模块为支撑的服务系统中输出各类虚拟应用。

二、现代产品设计方法

Internet 构筑了面向全球的信息高速公路。利用 Internet 技术可以构建面向企业内部和企业之间的网络应用环境。用户使用浏览器进行操作，完成数据处理和企业管理的各项功能。将企业内部网 Intranet 的构建技术应用于企业间的网络系统则称为 Extranet，它使企业与企业、企业与客户相连完成其共同目标和交互合作。

Internet/Intranet/Extranet（简称 IIE）的发展，促进了各种基于网络的先进设计与制造模式的研究和应用，如协同设计（Collaborative Design）、并行工程（Concurrent Engineering，CE）、虚拟制造和虚拟企业（Virtual Enterprise，VE）等。在此背景下，传统的基于数据转换或应用系统集成的产品信息集成技术、基于专用平台的数据访问方式、基于文本报表和二维实体的产品信息可视化技术等，已经不能满足先进设计、制造和管理模式的发展需要。设计、制造过程已成为了一个多学科、多部门、多系统间的协同合作过程，因此，首先要求产品数据集成必须是基于统一的全局产品数据模型的面向产品全生命周期（Life-cycle）的信息集成；其次，产品数据访问方式必须满足 IIE 环境下的跨地区、跨平台的操作需求；最后，在 IIE 环境下，产品数据模型面对的不仅是工程技术人员，也包括管理人员、营销人员、产品维护人员、培训人员及最终用户，产品数据模型的表现形式应包括文本、数字、二维/三维实体、动画、音频、视频等多种形式。因此，研究 IIE 环境下的产品信息集成与可视化技术对研究和实现虚拟制造，构建虚拟制造系统具有非常重要的意义。

支持虚拟产品开发的设计方法主要采用现代产品设计方法。现代产品设计在方法上强调群体性、协同性、并行性。由于现代产品的复杂性和要求开发周期的缩短，每项设计都要求多个设计部门和成员参与，要求各设计成员的工作内容和工作流程相互渗透和交叉，通过网络实现异地协同设计，实现用户参与设计论证及评价，支持并行设计已成为现代设计的主要方法。

现代产品设计方法主要有面向过程的并行设计、面向下游环节的 DFX 设计，例如面向装配的设计（Design for Assem-bly，DFA）、面向制造的设计（Design for Manufacturing，DFM）、面向质量的设计、面向环保的设计等。这些设计方法并不是完全独立的，只是强调侧重点的不同，例如并行设计并不排斥面向装配的设计，在很多并行设计的书中把面向装配的设计作为并行设计的一部分。

（一）并行设计

并行设计是以并行工程的思想贯穿于产品设计过程的一种集成化设计方法。并行工程遵循的原则是以产品开发为中心，并综合考虑产品生命周期的各阶段。

并行工程以信息集成为基础进行过程集成，过程集成强调对企业的各种活动过程进行重组，将各种串行过程转变为并行过程。在并行工程中，设计占主导地位，并行工程的核心是并行设计。

工程设计本质上是一个顺序性、协调性很强的工作过程。处于产品生命周期前端的设计阶段不但需要为下游的环节提供完整信息，而且需要来自下游环节的反馈信息以对设计阶段的不足提出修改意见。因此，并行设计的着眼点是把过程设计中传统的顺序性和并行设计中的并行性合理地协调起来，使设计者从一开始就考虑产品生命周期

（从概念设计到产品报废处理）的所有因素，以便能够实现提高质量、缩短开发周期、降低成本等综合指标。

在计算机环境下，并行设计的并行性必须具有可操作性。从设计活动来看，要使设计活动并行起来，需要对设计进程进行有效管理，将设计活动中可并行的活动确定下来，在整个设计过程中，重新安排各个活动，定义完成各项活动的步骤顺序，协调各自过程的相互关系，解决它们之间的冲突。从产品模型来看，模型的信息应可修改和更新，特别是针对产品外形的几何模型，当根据下游需求修改后，模型不需重构而是在新参数下更新。另外，模型之间的关系需要定义和管理，例如工艺过程中各阶段的模型之间的关系引用管理。从组织模型来说，并行设计的参与人员是以团队的组织形式进行工作，设计团队包括各领域的专家，每个领域的专家负责本领域的开发工作及与其他领域的协调。从存储方式来看，产品模型应保持模型数据的唯一有效性，即在物理存储上可以分布在不同的位置，但在逻辑存取上模型数据的唯一性和有效性必须保证。

并行设计中的并行性是如何体现的？我们知道，在设计过程中，下游活动中的输入数据、信息来源于前面环节的输出结果。在串行工作方式中，这个输出结果不可能在前面环节的进行过程中就获得，因此需要等到前面环节任务完成才能开始本活动的工作，造成了时间上的延迟。在并行设计时，当前工作小组可以在前面工作小组的任务尚未完成时，就可开始当前活动，这个时候获得的信息是不完备的，但却是当前活动所必需的。在本活动中，根据这些信息进行的设计可能会出现下列情况：由于信息是不完备的，所以设计结果会随着前面结果的变化而变化。在开发过程中，各环节的模型与信息也是不断完善的过程，直到设计过程全部完成。

（二）DFA 方法

面向装配的设计是在设计阶段利用各种设计手段，如分析、评价、规划、仿真等。分析产品的可装配性和对产品性能和功能的影响，进而优化设计。在概念设计阶段，自顶向下的设计是从装配结构开始的，并逐步分解为零件设计，这个阶段主要从功能的角度设计产品结构。从产品生命周期来说，装配与制造属于下游环节，更多地涉及装配自身装配工艺的内容。

1. DFA 的着眼点在于分析产品的可装配性

（1）技术特性。评价装配在技术上是否可行，如位置的可达性、装配的可操作性、定位的可靠性、检测可及性、工具的操作空间等。

（2）经济特性。评价装配成本和装配效率，在保证质量的前提下，尽可能降低装配成本，并使产品总成本降低。评价的内容有装配操作效率、装配公差分布、零件标准化程度、材料成本、装配资源的利用等。

（3）社会特性。社会特性主要是评价产品生命周期后阶段与装配相关的内容，如装配的可拆卸性（装配和维护阶段均涉及）、零件的可重用性（维护阶段除易损件外的零件应能重复使用）、材料的可回收性等。

DFA 的术语是由美国马萨诸塞大学的 G. Boothroyd 和 P. Dewhurst 于 1980 年正式提出的，其产生的背景源于如何处理设计、制造、装配的关系。产品的设计必须考虑制造的总成本，为了降低制造成本和加工的方便，设计的零件应尽

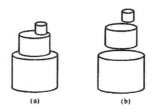

图 6-5

可能简单和易于加工，但是由此可能导致产品的装配结构复杂，总成本反而上升。例如图 6-5（a）所示的零件，加工明显比图 6-5（b）所示的零件复杂，但图 6-5（b）所示的零件加工虽然简单，但是装配的零件个数和结构却复杂多了。因此设计需要考虑产品的可装配性和可加工性，并协调好二者的关系。

早期的 DFA 方法的重点是对产品可装配性进行评价，采用各种评价准则来判断装配性能如何，例如，对装配活动中的每项操作进行分值评价（有些采用扣分形式，有些采用百分比形式），最后根据总的评分情况评价装配性能，对装配性能低的零件就需要改进。这些评分的涉及范围是零件的装配动作、零件的最少数目、装配时间估算、装

配方法选定、零件形状、装配方向、位姿调整、工装夹具等。早期的DFA方法虽然反映了并行工程的思想，却工作在串行设计模式下，可装配性评价一般是在详细设计阶段进行，其作用十分有限。

随着CAD技术和并行工程技术的发展，DFA技术和CAD工具的有效结合使得DFA方法真正开始发挥它的作用。DFA被看做是并行设计的一个组成部分，通过DFA体现并行设计的特点。DFA可以从概念设计就开始，用来简化产品结构，并在此基础上逐步创建零件的几何形状。产品结构的获取不再是依据详细的工程图纸，而是数字化模型和数据库信息。首先输入产品结构（可以采用草图方法创建），并结合DFA的某些相关评判准则，对产品结构进行分析，通过分析可以简化产品结构，然后用CAD系统对产品结构中的零部件进行几何设计。设计过程中，零件的形状如果太复杂（可能不易加工），可以返回结构设计部分，对产品结构进行修改，并重新评价，然后修改几何形状或参数。这个过程还可与成本估计相结合，成本估计直接利用所产生的几何信息。

2. 将CAD与DFA集成的设计产品的过程

（1）在概念设计阶段，设计初始的产品结构，可以通过装配结构树和草图来确定产品结构。此时装配结构树不包含任何几何信息。为了提高自动化水平，可以通过映射技术把功能映射为产品结构树。结构树的层次关系表示了产品与零件的组成关系。

（2）对当前产品结构进行结构分析. 例如进行最少零件数的判断，对结构进行改进，可得到更加简单的产品结构。

（3）改进后的产品结构可以在DFA用户界面上显示，并可进行零件选取操作。

（4）这些产品结构动态映射到CAD系统中。在CAD系统中，对选中的零件进行详细的几何设计，这些几何模型是今后的查询和访问的基础。

（5）在每个零件的几何设计完毕后，就可对零件的加工工艺进行早期成本评价，判断是否易于加工，如果不符合要求，需要返回到概念设计阶段对结构进行修改。这样，结构设计基本完成。

从上述过程可以看出，这是一个自顶向下的设计过程，DFA 的设计与 CAD 系统的关系很紧密。每一个零件的 DFA 分析所需要的信息从本质上来说都是几何信息，可以从 CAD 模型中获取。需要注意的是，DFA 分析要尽可能早地进行，如果零件的 CAD 模型完全建完后才进行 DFA 分析，可能改动工作会较大。

DFA 所需信息与装配模型有关。装配模型来自概念设计和结构设计，模型包括结构、几何、工艺、装配关系等。其中结构来自装配结构树和 BOM 信息；几何模型来自 CAD 构造的零件模型，包括位置参数、质量等；工艺信息包括装配顺序、装配路径、装配工位安排与调整、装配工具、装配夹具等装配工艺规划和技术要求、规范、标准等；装配关系表示了装配单元之间的关系。

（三）DFM 方法

装配和制造是制造过程中两个重要的环节，它们对设计的影响很大。前者主要考虑产品整体结构对设计的影响，后者多考虑单个零件的制造问题和设计的关系。因此 DFM 和 DFA 都被作为并行设计的最有效技术之一。DFM 方法强调制造对设计的约束，在产品的设计阶段，分析制造因素对设计的影响。一个产品是可装配的，但不能保证零件是可制造的或者是易于制造的，如果制造难度太大或几乎不能制造，就需要修改设计方案。因此考虑可制造性，需要考虑工艺可行性、加工可行性、制造资源（机床、加工方法）的利用、工装模具、加工工具，以及加工的时间、费用等问题。

产品的可制造性评价主要有两个指标：技术指标和经济指标。

技术指标从技术的角度评价产品的制造是否可行与合理。从零件本身来讲，零件是否是可加工的？例如，数控铣削一个零件，它的某个凹面圆角半径为 1.5 mm，而从零件的材料和刀具的强度考虑，加工刀具的最小半径不能小于 3 mm，那么零件的这个圆角半径在实际加工时，或者加工不到位，或者加工到位但是会"啃伤"其他部位，因此需要修改零件的倒圆半径。

经济指标是在满足功能的前提下，保证生产费用最低，生产周期最短。例如上面的例子，如果不修改零件，直接采用数控加工很难加工出圆角半径，那么可以采用电火花加工。但是这样工艺就会复杂，另外还增加了设计和加工电极的额外工作，由此增加了制造成本和延长了生产周期。相比之下，也许修改零件是一个好的方法（在不影响产品功能的前提下）。

我国是世界上机床产量最多的国家，但在国际市场竞争中仍处于较低的水平，即使在国内市场中也面临着严峻的形势，其主要原因就是开发周期长、缺乏科学的分析工具。为此，北京机床研究所研制开发了机床总体方案的虚拟设计软件。

机床结构设计中的仿真建模有下列 4 类。

（1）各部件间动作协调性和运动位置准确性仿真，如刀具交换装置中抓取和存放动作的顺序及时间分配、工作空间的无干涉运动和零件装配、拆卸调整的便捷性等。

（2）机床操作和维修方便性仿真，如操作台位置、加工观察窗布置、刀具和工件更换的方便性以及维修工作空间的合适性等。

（3）机床工作安全性仿真，如在偶发碰撞冲击下保险机构的可靠性、砂轮破碎飞溅时的防护能力等。

（4）机床工作性能的适应性仿真，如机床运行的平稳性、切削抗振能力、热变形变化和加工精度控制能力等。

机床仿真软件 AMTPOS 框图如图 6-6 所示，它可以对机床整机的静态、动态和热态性能进行仿真建模，调整构件的结构参数和结合面的刚度、阻尼和热力特性，可以计算出机床受力变形及热变形情况，确定结构薄弱环节和切削稳定区，并用动画显示其振动模态，为设计人员提供直观的图像。同时，该软件还各有结构改进分析系统，以利于设计人员讲行结构优化设计。

第二节　虚拟产品的加工

虚拟制造环境下的加工过程是制造设备对象与产品对象相互作用的过程，表现为对象微观状态的变化，既包括对象几何形状和尺寸的

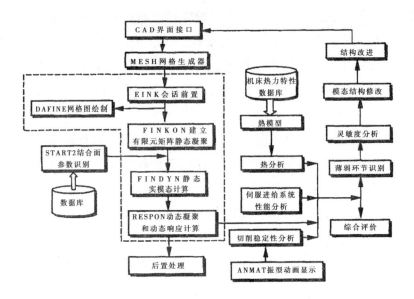

图 6-6

变化，又包括位置参量、方向参量和物理参量（力、变形、温度等）的变化，是一种复合型受控行为。

在虚拟环境下对产品对象实现几何及物理性能变化的过程称为虚拟加工（或数字化加工）。虚拟加工是真实加工过程在虚拟环境下的映射，是对象行为的"微观"描述。虚拟加工环境及系统应具有如下功能。

（1）全面逼真地反映现实加工环境和加工过程。在仿真中，人们可以直观地"观察"全部加工过程，包括工件的装夹定位、机床调整、切削、检验等。

（2）可以真实地描述加工过程中的物理效应，例如切削中的应力与温度，工件及夹具的变形，甚至磨削过程中单个磨粒的微观表现。

（3）能对加工过程中出现的碰撞、干涉进行检测，并提供报警信息。

（4）虚拟加工过程仿真可以对夹具的实用性给予评价，并对产品可加工性和工艺规程的合理性进行评估。

（5）虚拟加工过程仿真还应当能够对加工精度、加工时间进行精确估计，为宏观仿真提供数据支持。

一、加工过程仿真与虚拟加工

加工过程仿真包括 NC 切削过程仿真、焊接过程仿真、冲压过程仿真和浇注过程仿真等。

加工过程是制造设备对象与产品对象相互作用的过程，表现为对象微观状态的变化，既包括对象几何形状和尺寸的变化，又包括位置参量、方向参量和物理参量（力、变形、温度等）的变化，是一种复合型受控行为。

对于切削加工而言，早在 20 世纪初就引起了研究者的关注，但直到 20 世纪 40 ~ 60 年代，切削机理的几项突破才使切削仿真研究有可能建立在材料的物理层面上。20 世纪 70 年代问世的 CAD/CAM 技术极大地推动了加工过程仿真研究的发展。经 CAD/CAM 处理后的数控加工程序，在正式加工之前，一般要经过刀具轨迹干涉检验和试切。试切过程即是对 NC 程序的检验过程。由于 NC 编程的复杂性，NC 代码的错误率也随零件复杂程度的增加而增高。如果 NC 程序生成不正确，就会造成过切、少切或加工出废品，也可能发生零件与刀具、刀具与夹具、刀具与工作台的干涉和碰撞，造成危险的后果。传统的试切是采用塑模、蜡模或木模在专用设备上进行的，不但浪费人力、物力，而且延长了生产周期，增加了产品开发成本，极大地影响了系统性能。因此，加大仿真技术的研究和应用就显得非常必要。

对切削加工过程仿真的研究主要集中在切削加工过程的分析、建模与仿真上，对不同的工艺过程（车、铣、钻等）的不同方面（力模型、热模型、误差模型、材料变形模型等）及不同的加工材料（金属、复合材料）做了很多工作，取得了一些成果，并应用于工业界，获得了满意的效果。

切削加工过程动态仿真主要由几何仿真和物理仿真组成。几何仿真从纯几何角度出发，仿真刀具切削工件的过程。在仿真过程中将刀具和工件看作刚体，而不考虑切削力、刀具变形和工件变形等物理因素的影响。为便于分析，可认为工件不动，刀具同时作旋转运动和进给运动，则刀具切削工件的过程可以看作是工件模型和刀具运动扫描体模型之间的布尔操作。通过几何仿真，可以获得加工过程中的瞬间加工工件模型、每一条运动指令的材料去除体积模型、刀具运动扫描模型和刀具——工件接触曲面模型，这些模型为检验加工结果和计算切削力提供了重要的基础。物理仿真主要包括力学仿真、切削温度仿真、加工振动仿真、切削形成过程仿真等，如力学仿真是从力学角度出发，对数控加工过程中的动态力学行为（包括切削力的变化、刀具变形和工件变形）进行仿真。由于切削力决定刀具和工件的变形，并对加工过程中的过载和加工误差有着直接影响，因此，计算切削力是力学仿真的基础。

目前的切削过程仿真研究基本包含两方面内容：一是刀具路径仿真，即建立工件、工具、机床的实体模型，刀具沿着由工艺确定的轨迹切削，以发现一些不适当的刀具轨迹。二是评估加工工艺中规定的工艺参数是否合适，过大的切深会产生颤振，毁坏刀具、工件，高的进给率会导致较大的表面粗糙度等。

尽管在切削加工过程仿真方面的研究取得了一些成果，但这些成果尚未得到广泛的推广应用，其主要原因是仿真所采用的系统模型的局限性和建模方法的复杂性。

虚拟现实技术的发展促成了虚拟加工过程仿真的出现。在虚拟环境下对产品对象实现几何及物理性能变化的过程称为虚拟加工（或数字化加工）。虚拟加工是真实加工过程在虚拟环境下的映射，是对象行为的"微观"描述。虚拟加工环境及系统应具有如下功能：

全面逼真地反映现实加工环境和加工过程。在仿真中，人们可以直观"观察"全部加工过程，包括工件的装夹定位、机床调整、切削、检验等。

可以真实地描述加工过程中的物理效应，例如：工件的切削温度与应力分布，工件及工夹具的变形，甚至在磨削过程中单个磨粒的微观表现。

能对加工过程中出现的碰撞、干涉进行检测，并提供报警信息。

虚拟加工过程仿真可以对工夹具的实用性给予评价，并对产品的可加工性和工艺规程的合理性进行评估。

虚拟加工过程仿真还应当能够对加工精度、加工表面粗糙度、加工时间等进行精确地估计，为宏观仿真提供数据支持。

二、虚拟加工过程的构成

虚拟加工过程如图6-7所示。虚拟加工过程是在 NC 指令驱动下，由机床刀具模型的运动过程和工件模型的变形过程构成。在执行每段 NC 指令过程中，刀具由机床模型拖动，从起始位置运动到终点位置。刀具在虚拟空间扫过一定的体积，可以把刀具运动过程中包络的空间形状称为"虚形体"（Swept Volume Solid）。工件模型与虚形体经布尔运算可得到加工过程中工件形体的变化，仿真材料的去除过程。虚形体与机床、夹具模型的求交运算，可检查加工过程中的碰撞和干涉。

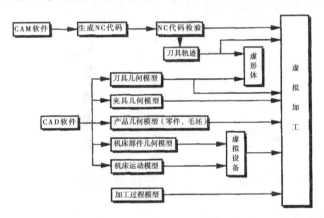

图 6-7

为了真实反映虚拟工件的加工精度和表面质量状况，需要建立加工过程的物理效应模型。

虚拟加工仿真系统的结构如图6-8所示。

第1层为几何模型层，建立与工艺过程相关的物理实体的三维实体模型。

第2层为运动学模型层，根据第1层的几何模型和运动轨迹信息（NC 代码），确定几何实体之间相互运动的关系。

第3层为物理效应模型层，根据第1层和第2层中几何实体之间相互关系（时间轴上和位置轴上的）和工艺信息（材料及加工条件），确定物理效应模型，例如切削力模型、切削形状模型，工件已加工表面形状模型，以及工件、机床、刀具、夹具的动力学模型。

第4层为输出层，获得完整的工艺特性分析结果。

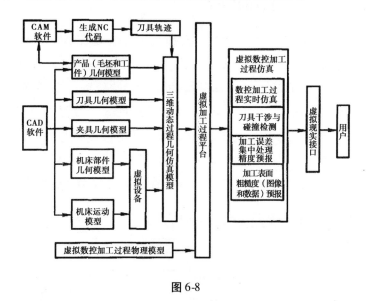

图 6-8

三、虚拟数控加工过程的构成

（一）加工过程仿真是优化工艺设计的基础

它主要包括下列两个方面：

（1）切削路径和表面形成过程的动态仿真，用于对数控加工路径和刀位正确性的校核，并可防止碰撞、干涉现象。

（2）工艺参数和加工条件的优选仿真，可为合理设计机床、夹具和控制加工精度提供精确的切削动力学参数。如图6-9所示为外圆磨削过程仿真的输入参数和输出结果。

（二）生产线运行作业的仿真技术

生产线运行作业的仿真技术具有下列3方面功能。

（1）设备和物流系统的优化配置，消除薄弱环节，在模拟随机故障的条件下保证生产线的产量、设备利用率和节拍的均衡性。

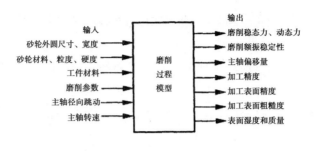

图 6-9

（2）合理安排生产线作业的空间位置，防止运输车和机械手等运动件与相关装置的干涉，校核在不同工件形状、重量和运行速度下机械手爪夹持的动力稳定性和可靠性。

（3）建立混流生产作业条件下的规划调度。

通过对生产线运行过程建模，计算有关运行状态参数以及模拟生产线实时运行的三维动态显示，可以在生产方案设计阶段采取有效措施，排除投产后可能出现的问题。

第三节 虚拟车间工厂

制造系统现在面临外部环境与内部环境两方面的快速变化。在外部环境方面，制造系统必须适应社会和经济环境发展的要求，如制造活动全球化、绿色制造、降低能源和原材料消耗、产品责任等。在内部环境方面，在制造基础设施和产品两方面都必须加强信息化，许多机床和设备都具有数控能力，现在需要进一步的信息处理能力以及与各种性能的计算机进行通信的能力。材料、零件、产品要附有标志、条形码、标签、IC 卡等，从而才有可能实现其全生命周期的信息处理与通信。

那么，什么样的制造系统有能力适应外部需求与内部能力两方面的变化呢？我们虽然难以完全地勾画出这类制造系统的蓝图，但是这类系统的某些特征仍然是可以预见的：

（1）基于互联网技术的开放式非递阶的系统结构。

（2）基于多代理技术的适应多变环境的柔性与智能的车间计划与控制。

（3）基于产品与设备全生命周期技术的制造系统设计与规划，以适应不确定性和长期多视点的需求。

今天的 IT 可以提供实现上述特征的各种工具和方法。那么，对制造系统来说，为应用这些工具和方法还缺什么呢？缺的是将这些信息基础设施与实际车间集成起来的新方法，而虚拟车间的概念为制造环境增强信息提供了一种有效的手段。

一、虚拟车间定义

虚拟车间定义为各种类型的软件、建模工具及支持在制造领域内解决各种问题的方法学集成的一种隐喻。它保证产品设计在制造阶段的成功实施，是一个计划→仿真→优化生产系统的过程，具有设计、测试、分析、优化生产布局、生产线的可靠度的能力，实现快

虚拟生产车间

虚拟生产线

虚拟加工单元

虚拟操作

图 6-10

速、低成本、高质量地完成所设计的产品的制造生产。它研究如何在企业已有资源（广义资源，如设备、人力、原材料等）的约束下，进行生产环境的布局及设备集成、企业生产计划及调度的优化、基于虚拟样机的工艺规划及生产过程仿真等研究。相关技术包括虚拟生产环境设计、生产过程分析、仿真与优化等。虚拟车间是一个 Top-Down 结构，从全局的虚拟生产车间可以逐层细化到虚拟生产线，到虚拟加工单元，再到具体操作，结构如图 6-10 所示。

虚拟车间技术允许工程师在工程的全过程生成、分析、可视、仿真车间布局和物流，在多个生产周期内重用生产设施，如生产线、设备、加工方法，设计、编程和修改制造工具和过程，减少开发时间和成本。

在虚拟车间中，可以开发出支持系统设计和运作的详细模型，检测不同的系统配置和控制策略，操作影响执行的系统特征，查看操作结果，所有这些都在不中断现行系统的前提下进行。

虚拟车间的基本理论是通过对制造资源的优化使用来实现快速反

应和提高效率，解决市场所要求的地域和时间问题。通过分布在网络资源级的可通信模块，可在整个虚拟车间全过程提供计划和协调功能。

虚拟车间的软件功能要覆盖从设备选择配置、到布局、到系统控制设计、到执行规则选择。同时，虚拟车间实现了真正的并行工程，产品设计可以在虚拟生产制造过程中得到验证。

二、虚拟车间的内涵

虚拟车间研究的内容包括虚拟车间的设计、分析及其支撑平台技术。

虚拟车间设计的主要任务是把生产设备、刀具、夹具、工件、生产计划、调度单等生产要素有机地组织起来。它与车间中设备的利用率、产品的生产效率等密切相关，如果设计不当，就会造成设备利用率低、产量低、操作人员空闲多。在车间设计的初步阶段，设计者根据用户需求，确定车间的功能需求、车间的模式、主要加工设备、刀具和夹具的类型和数量，提出一组候选方案。在详细设计阶段，设计者完成对各个组成单元的完整描述，运用虚拟车间技术生成各个组成单元的虚拟表示，并进而用这些虚拟单元布置整个车间，其中还可加上自动引导小车、机器人仓库等车间常用设备，虚拟车间技术帮助设计者评价、修改设计方案，得到最佳结果，提高设计的成功率。

虚拟车间分析的主要任务是研究虚拟车间的调度模型、投料策略与排序策略的协同机制、多目标的调度算法，包括投料策略、排序策略等，以直观的形式显示调度方案的执行过程，并对制造单元内部各设备之间的协调控制进行设计和优化，实现信息、设计与控制的集成。

虚拟车间支撑平台的主要任务在于研究和开发支持虚拟车间设计和分析的开放式的仿真平台，建立支持生产过程快速重组的生产线模型库、决策知识库和产品与设备资源数据库，为开展虚拟车间的设计与分析提供集成的仿真环境和针对仿真结果的分析评价机制。

三、虚拟车间的布局设计与优化约束原则

虚拟车间的布局设计与优化主要研究工作空间和生产线的三维布

局设计问题。特别是大规模定制生产，其特点是多品种、小批量、混流生产，快速改变的用户需求和越来越短的产品生命周期要求企业建立起可以调整产品品种、款式和生产批量的高柔性生产线。这种调整包括根据生产能力需求而进行的布局调整，单元的重组，以及新功能单元与设备的引入等，因此，首先讨论虚拟车间的布局设计与优化约束的一般原则，它包括：

（1）建立合理物流。

（2）减少排队时间。

（3）减少输送时间。

（4）减少装夹时间。

（5）制造资源的使用。

（6）减小总平面布置占地面积。

（7）考虑扩建的余地。

四、虚拟车间的布局设计类型

（一）固定式布局

对于某些产品如飞机、重型机床等，由于体积庞大笨重，不易移动，所以可采用保持产品不动，而将工作地按生产产品的要求来固定布置，对于这样的项目，一旦基本结构确定下来，其他一切功能都围绕着产品而固定下来，如机器、操作人员、装配工具等。

（二）按产品原则布局

产品原则布局适合于重复加工，即按对象专业化原则布置有关机器和设施，如图6-11所示，最常见的如流水生产线和产品装配线。例如，以产品为基础的U形布局可为每个操作人员提供灵活性，以适应进度的变化；有利于多技能操作人员发挥作用；易于在各加工中心之间进行单件生产和运输；可方便地修改操作规程。这种布置有许多优点，机床相距近，一个多技能操作员可以同时看管几台机床，而且可以用输送板连接各个机床进行单件生产和输送，可进行同步加工。

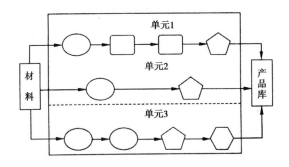

图 6-11

按产品原则布局使得人力和设备得到充分利用，这可以抵消很高的设备费用。由于加工对象在工作地之间移动很快，所以在制品数量通常是最少的。结果，工作地相互间紧密连在一起，以致有时会因一台设备出故障或一些工人缺席导致整个生产线的停工，这就要求有相应的维护程序。预防性维修——定期检查和更换掉旧的或故障率高的零件——会减少运转期间出故障的可能性。由于设备的专用性，出现问题后较难判定及解决，备用件库存量可能很大，因此这方面费用相当大。

1．产品原则布局的主要优点

（1）产量高。

（2）可获得规模效益。

（3）劳动专门化减少了培训费用和时间，同时使监督跨度加大。

（4）由于各个加工对象都按相同的加工顺序，物料运输大大简化，单位物料运输费用降低。

（5）工人和设备的利用率高。

（6）工艺路线选择及进度安排都在系统的初步设计中被定下来。

（7）会计、采购和库存控制都相当程序化。

2．产品原则布局的主要缺点

（1）过细的分工使得工人的工作单调乏味，导致缺乏改进的兴趣。

（2）系统对产量变化以及产品或工艺设计变化的适应性差。

（3）系统维护很重要。

（4）与个人产量相联系的激励计划是不可行的，因为这样会导致各个工人产量不一致，从而对系统中工作流的顺利进行产生不利影响。

（三）按工艺过程布局

又称工艺专业化布局，如图6-12所示，就是按照工艺专业化原则将同类机器集中在一起，完成相同工艺加工任务。工艺原则布局适合于间歇加工。制造业方面一个按工艺过程布局的例子如

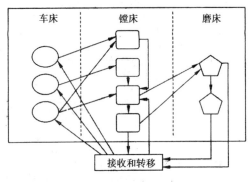

图 6-12

机器加工车间（machine shop），有专门进行铣、钻、磨等的部门，不同的产品可能代表着完全不同的工艺要求和操作顺序，多用途设备的使用保证满足一系列工艺要求所必需的柔性。

由于在按工艺过程的布局中设备是按照类型而非按加工顺序摆放的，空闲的设备常可用来替换暂时不能运转的设备，所以如果个别设备出现了故障对整个生产系统的影响较小。另外，由于产品多是成批加工的，所以上下工序之间的相互依赖性远远没有产品原则布局中的那样强。由于设备的相似性，降低了维修费用，备用件的数量也可减少。

1. 按工艺过程布局的优点

（1）系统能满足多样的工艺要求。

（2）系统受个别设备故障的影响不大。

（3）通用设备的使用降低了成本，维护也较容易。

（4）可采用个人激励机制。

2. 按工艺过程布局的缺点

（1）如果在制造系统中采用间歇加工，在制品库存量会很大。

（2）生产过程中要经常进行路线选择和进度的重新安排。

（3）设备利用率低。

（4）物料运输慢、效率低，单位运输费用比按产品原则布局方式高。

（5）工作复杂化常使监督跨度减小，并导致监督费用增高。

（6）会计、采购和库存控制都比按产品原则布局方式复杂。

（四）混合专业化布局

对象专业化和工艺专业化同时并存一个生产单位中，叫混合专业化，例如按成组制造单元布置。首先根据一定的标准将结构和工艺相似的零件组成一个零件组，确定出零件组的典型工艺流程，再根据典型工艺流程的加工内容选择设备和工人，由这些设备和工人组成一个生产单元。成组生产单元很类似对象专业化形式，因而也具有对象专业化形式的优点。但成组生产单元更适合于多品种的批量生产，因而又比对象专业化形式具有更高的柔性，是一种适合多品种中小批量生产的理想生产方式。

在实际生产中，一般都是综合运用上述几种形式，针对不同的零件品种数和生产批量选择不同形式的布局类型。

（五）瑞典式流水线

美国是汽车装配线的发源地，其特点是分工明确，工作地划分得很细，有的流水线有 1 000～2 000 个工作地。若节拍是 55 秒，则每个工人每隔 55 秒重复一次操作，工人技术面窄，感到单调、枯燥，结果导致出勤率低，久而久之，严重影响了企业的创新能力。为改变这一状况，除配备"双份人"外，解决的办法有两个：

（1）美国靠提高工资，如一个汽车工人，在流水线上干了 15 年，他的工资比当教授还要高。但他不喜欢他的工作。

（2）采用瑞典式流水线。所谓瑞典流式水线是瑞典根据沃尔沃试验办法，对流水线进行了改造，掺进了单件小批生产的特点，把车间设计成圆形，每个工作地是一个工人小组，人数较多，有 30～40 人，负责一大套工序，取消了传送带（强制节拍），生产组工人把权力下放给小组。瑞典式流水线如图 6-13 所示。

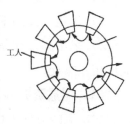

图 6-13

管理人员把总量分成十几个大组，如这组装变速箱，那组装挡泥板等，厂部只规定小组一天生产多少产品、工作总量和人数，至于图6-13瑞典式流水线怎样具体组织，则把权力下放给小组。各小组有权决定自己在一大套工序中每人具体干什么活。如两个小时换一次工种，个人包工也可以。每个工人完成一定的工序，厂方就帮助他们组织装配流水线。这种流水线简化了管理人员的工作，克服了工人的单调感。组内工人也可以适时进行工作轮换，以利于提高工人的劳动技能。

采用瑞典式生产线，最高日产量可达 50~80 台，质量高，能够提高工人积极性。但是，它只适用于生产数量少的昂贵汽车，由于产量低，用它生产低价汽车就得赔本。

美国人认为采用瑞典式流水线产量低，解决不了美国大量生产的问题，大量生产线如果每 55 秒生产一台汽车，那么 1 天至少可以生产523 台。

（六）虚拟车间的重组布置

虚拟车间的重组布置是为了适应产品的变化，以重排、重复利用、革新组元或子系统的方式，按照生产能力调整的需求，快速调整制造系统的过程。它是基于可利用的现有的或可获得的新机床设备和其他组元，以动态组态的形式实现生产。

1. 优化约束原则

（1）各个生产单元的布置要有利于建立合理的物流，使总的运输路线最短、运输费用最小，这是车间布置问题评价的主要标准。

（2）减少输送时间。采用的解决办法是：

1）优化车间的平面布置；

2）采用高效输送装置。生产联系与协作关系密切的车间或工序应该相互靠近。

（3）制造资源的使用。在配置满足生产能力的前提下，考虑人员调配与交流的方便性以及增加新设备的灵活性。

（4）总平面布置占地面积小。

2. 虚拟车间的布局设计与优化布置的常用方法

（1）物料运量图法

物料运量图法是按照生产过程中的物料的流向及生产单位之间运输量布置作业的车间和各种设施的相对位置，其步骤为：

1）根据原材料、在制品在生产过程中的流向，初步布置各个生产车间和生产服务单位的相对位置，绘出初步物流图。

2）统计车间之间的物料流量，制定物料运量表，见表6-1。

表6-1 车间之间运量表 单位：t

车间	01	02	03	04	05	总计
01		7	2	1	4	15
02			6	2		8
03		4		5	1	10
04					2	8
05				2		
总计	0	11	14	10	6	

3）按运量大小进行初步布置，将车间之间运输量大的安排在相邻位置，并考虑其他因素进行改进和调整。

最后的结果如图6-14所示。因为部门01和02、部门02和03、部门03和04之间的运量较大，应相邻布置。

（2）作业相关图法。

作业相关图法是由穆德提出的，它是根据企业各个部门之间活动关系的密切程度布置其相互

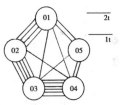

图6-14

位置。首先将关系密切程度划分为A（绝对重要），E（特别重要），I（重要），O（一般），U（不重要），X（不予考虑）6个等级，然后列出导致不同程度关系的原因。使用这两种资料，将待布置的部门一一确定出相互关系，生成主联系簇，根据相互关系的重要程度，按重要等级高的部门相邻布置的原则，安排出最合理的布局方案。例如图6-15（a）为6个部门的活动相关图，要将其分配到分布为2×3的6个位置中去。则：

第一步：列出关系密切程度（只考虑A和X），如图6-15（b）所示。

第二步：根据列表，从关系"A"出现最多的部门开始编制主联系簇，如在本例中，首先确定部门6，再将与部门6的关系密切程度为A的——联系在一起，如图6-15（c）所示。

第三步：考虑其他"A"关系部门，如果能够加在主联系簇上就尽量加上去，如图6-15（d）所示（否则画出分离的子联系簇）。

第四步：画出"X"关系联系图，如图6-15（e）所示；

第五步：根据联系簇图和可供使用的区域，用实验法安排所有部门，如图6-15（f）所示。

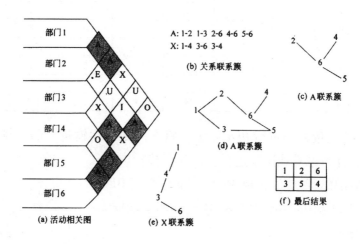

图 6-15

3. 布局设计与优化设备布置的定量分析

（1）从—至（From-To）表法。

从—至表是一种常用的生产和服务设施布置方法。利用从—至表列出设施之间的相对位置，以对角线元素为基准计算工作地之间的相对距离，从而找出整个生产单元物料总运量最小的布置方案。这种方法比较适合多品种小批量生产的情况。其基本步骤如下：

1）选择典型零件，制定典型零件的工艺路线，确定所用机床设备。

2）制定设备布置的初始方案，统计出设备之间的移动距离。

3）确定出零件在设备从—至之间移动次数和单位运量成本。

4）用实验法确定最满意的布置方案。

（2）线性规划方法。

线性规划模型是一个四重分配问题，优化的目标是使总的物料搬运成本最低。一般来说，这种问题的优化求解是 NP 难题。

（3）计算机仿真分析布局。

布局问题是大而繁杂的问题，尤其是对于大规模定制生产线，需要比旧线有更多的分析。采用计算机仿真分析的优势在于计算机软件对于复杂问题的处理以及可以对很多种布局方案进行分析比较的能力。可以通过对算法的不断改进，积累知识，增强软件的学习和优化功能，最终获得满意的结果。

仿真软件可以提供工作空间、标准元件库，包括物流元素、桌子、椅子及运料箱等，并提供建立特殊设备模型的工具并可把用户生成的模型存储在库中。每个元素都要求具有尺寸、空间需求、成本和序列号，带有可到达空间的工人模型被用于设计人的操作，先进的运动学分析、运动特征和逆算法用于保证人体运动的拟实仿真，包括走、手的运动和抓握，允许可视化人的各种操作，包括最终装配、服务和维修、材料处理、点焊、上载和下载工件。

（七）虚拟车间作业调度与优化

虚拟车间作业调度与控制研究的是在尽可能满足约束条件（如交货期、工艺路线、资源情况）的前提下，通过对生产过程及物流的分析，按调度与控制的原则有效安排生产，协调多目标的实现，通过拟实仿真加工作业的过程，在实际车间建设实施之前验证并修改方案，以获得产品制造时间或成本的最优化。

1. 虚拟车间作业问题的分类及特点

根据生产系统的复杂程度，车间作业可分为单机作业、流水线作业、多机并行作业和车间作业型。

单机作业是最简单的形式，即所有的操作任务都在单台机器上完成，它的调度是简单的任务排队问题；流水线作业是按固定节拍和工序，工件顺次流经所有工位的作业方式，它的调度问题在于节拍的优化和生产批量的选择；多机并行作业则是各工序以各自的批量和节拍并行进行的作业，它可能涉及一些共享资源；车间作业的特点是资源和作业具有柔性。所谓柔性，主要是指系统内部及外部环境的一种适应能力，包括产品柔性和路径柔性，产品柔性是指系统可同时生产不同类型的产品或零件，路径柔性是指作业并不限制在固定的加工设备上，允许柔性的选择资源和加工路径，如在某个设备发生故障时可自动将零件送到另外的机器上加工，也可根据机器的负荷和机器前排队的情况自动改变加工路径和加工顺序，从而提高机器利用率，减少等待时间。车间作业调度的优化问题一直被认为是 NP 难题。

虚拟车间要研究的调度问题可能是上面的作业类型之一，也可能是多种类型的组合。作业调度是动态进行的，不但要考虑工件依次进入待加工状态、各种作业不断进入系统接受加工、完成加工的作业又不断离开的过程，还要考虑作业环境中不断出现的动态扰动、如作业的加工超时、设备的损坏等因素。因此需要根据系统作业、设备状况等，不断地进行动态的调整。

2. 虚拟车间的调度问题的特点

（1）复杂性。虚拟车间作业调度与控制问题的复杂性体现在以下4 个方面：

1）车间作业涉及许多资源和作业，它们之间相互影响、相互作用，往往是牵一发而动全身，从而使复杂性大大增加。

2）由于某些资源（包括设备、人员、加工工艺等）具有柔性和多重功能，它们的功能表示、状态、加工资源的优化配置和路径选择问题十分复杂。

3）共享资源的存在增大了瓶颈发生的可能，也是调度中死锁产生的主要原因，除了系统中原有设计的共享资源外，具有多功能的设备又可能动态地增加了共享资源，使分析的难度大大提高。

4）由于虚拟车间作业调度问题强调的是整体的均衡，因而需要从全局的角度来考虑问题。由于是在等式或不等式约束条件下来求解性能指标的优化，在求解最优化的计算量上是随着问题规模的增大，计算量呈指数增长，因而使得一些常规的最优化方法无能为力。

（2）动态随机性。在实际的生产调度系统中存在很多随机的和不确定的因素，比如作业到达时间的不确定性、作业的加工时间也有一定的随机性，而且生产系统中常出现一些突发偶然事件，如设备的损坏/修复、作业交货期的改变等，车间作业调度与控制系统要具有对动态事件的响应能力。

（3）多目标性。车间作业调度与控制系统是多目标的，它要努力满足如基于作业交货期的目标、基于作业调度性能的目标、基于生产成本的目标等，并且这些目标间可能发生冲突。例如从作业调度性能的目标来讲，使单元的设备利用率达到最高是最优的结果，但是从基于生产成本的目标来看，却并不能保证这些单元所组成的整体是最优的，因为其组成单元中有瓶颈单元，也有非瓶颈单元，对于瓶颈单元来说，使设备利用率达到最高是理想的，因为这样可以缓解瓶颈状态，顺畅物流，但是对于非瓶颈单元，设备利用率达到最高则会导致该工序出现存货，从全局的角度看增大了库存管理的费用，不符合基于生产成本的目标。

（八）虚拟车间调度与控制的原则

20世纪60年代初源于日本丰田汽车的准时生产（JIT）技术，以寻求实现零缺陷、最小加工和准备时间、无存货、无搬动、批量来缩短交货时间为目标，在各个领域中已有广泛的应用。JIT在车间内的实施叫看板（Kanban）系统，控制生产的起始和物料流，目的是在准确的时间和地点里，获得准确数量的产品。看板系统的主要局限性在于：看板系统一般要求每日装配的进度计划十分相似，关键是要求主生产计划在一段时间内，比如说至少一个月时间内固定下来。总装配进度计划也必须十分稳定，任何较大的偏离将会在生产系统中引起波动，使前道加工中心产生较大的在制品存量。

与日本制造业的不断成功相对应，OPT是西方工业界发展起来的一项新型制造管理技术，20世纪70年代产生于以色列，它包含许多看板系统的基本原理。OPT的观点认为，制造企业有且只有一个目标赚钱。衡量指标为：净利润、投资回报和资金流动。OPT的目标是增加生产率的同时减少存货量和运行费用。OPT认为车间生产活动是关键，如瓶颈、装夹时间、批量数、优先权、随机波动和作业测量等车间生产问题应受到密切注意。为此，OPT 在作业层次上定义了三个重要标准：生产率（被定义为一种价格，通过在这个价格上卖出成品，企业才能赚到利润。因而 OPT 观点中的生产率仅与成品的卖出价格有关）、存货（包括原材料、零件和成品库存，有货不产生附加价值）和运行费用（把存货转变为生产率的成本）。OPT 管理系统的作用主要集中在对制造系统中的瓶颈部位进行确认和计划管理方面。

综合了 JIT、OPT 等多种先进制造模式的哲理和观念，应用于虚拟车间，可以在提高生产率、减少存货与加工费用方面获得更好的效果。虚拟车间调度与控制的基本原则如下：

（1）限定调度和无限定调度：限定调度系统是为每个操作分配截止时间。无限定调度是每日操作的另一种途径，给定系统一个起始时间和终止时间，根据每个操作的生产时间分配完成任务的时间。

（2）"后拉"式制造管理系统：首先根据计划要生产的产品，检查零部件是否已具备，是则立即装配成品，否则从最前端的加工中心顺序向后推断要生产何种零件，如此后推通过每个生产阶段直至企业外的供应商。

（3）相似产品加工和流水化生产：以标准件形式设计的产品，能在最大限度内通过找出零件制造和装配中的共同点，实现产品的标准化。由于产品标准化能减少制造加工中的装夹时间、减少存货、减少零件种类等，所以能降低成本。确定同类产品，发展流水化生产系统是成组（GT）技术的目标。GT 根据零件在外形、材料、公差配合和其他制造工艺方面的相似性，把它们分成不同类别的组合。目的是使产品设计和制造得到简化，使用流水化生产方法，提高经济效益。

（4）边界条件：生产调度常常是一个重调度问题，即修改已有的生产调度去适应新的作业。因而调度算法要能够处理生产系统中相关的初始状态。类似的生产调度通常是在一个有限的时间区域里进行的，系统的最优解（或次优解）也是在限定的边界范围内来获取。

（5）确定适当的发货批量和发货次数：将任务分成多批进行，并考虑改变已有调度结果所付出的代价（调整费用）。

（6）加工路径：在实际生产中，作业的加工路径可能需要动态改变，工艺顺序可能是半有序的（semiorder）。

（7）随机事件和扰动：比如出现关键作业、设备损坏、加工操作失败、原料短缺、加工时间/到达时间/交货期的改变等，系统要可以动态进行调节。

（8）性能指标和多目标：追求不同的性能指标往往会得到不同的优化解，同时系统目标也以多目标为主。

首先，资源的利用和使用是两个不同的概念，必须根据制造系统中各种瓶颈资源的全部限制条件去计划全部非瓶颈资源的使用率，以防止资源被无效使用造成浪费。

1）非瓶颈部位的利用率不取决于该部位潜力，而决定于系统中的其他限制。非瓶颈资源不应达到100%的利用，应以系统中其他限制条件为准，进行计划和运行。这样就不会生产过剩的产品，进而防止了存货和加工费用的增加。

2）瓶颈处损失一小时时间等于整个系统损失一小时时间，非瓶颈部位节约一小时无意义，瓶颈左右着系统的生产率和存货。

其次，输送的批量与加工的批量可能不同，而且在许多时间里应该不同。批量是车间活动中又一个关键因素，它与系统的生产率和存货密切相关，有输送及加工两种批量。

1）加工批量数应该是个变量，而不是固定量。首先，加工批量大小随进度计划不同而变化。其次，考虑到每个加工作业、每项存货成本、装夹成本、管理控制等方面的需要，应该动态地确定批量大小。另外，在瓶颈部位要扩大加工批量以减少制造时间；在非瓶颈部位要减少加工批量以减少存货。

2）要同时考虑加工能力和加工优先权两个问题，而不是相继考虑。

3）应注重平衡物料流动而不是各环节的能力。

最后，各单元最优化的总和并不等于全系统的最优化。

（九）虚拟车间生产系统建模技术

虚拟车间生产系统建模技术研究的是如何抽象描述所研究的问题，

对其中的元素进行归纳、提取和表述，正确地反映系统的事件和过程。建模是生产系统的组建、调度优化及生产控制的基础。由于与执行相关的参数太多，对以上问题的优化求解（它是典型的 NP 难题）是相当困难的。

虚拟车间生产系统属于离散事件动态系统（DEDS）。所谓离散事件系统是指其活动和状态变化仅在离散时间点上发生的一类系统。这类系统的状态仅与离散的时间点有关，当离散的时间点上有事件发生时，系统状态才发生变化。当离散事件系统的活动和状态处于频繁变动的动态过程，就将其称为事件动态系统（Discrete Event Dynamic System，DEDS）。

1. 虚拟车间作业建模的特点

虚拟车间作业系统具有有并发性、柔性和不确定性的特点，传统的启发式方法已不充分，因为它不具有柔性，不能反映系统中由于随机干扰产生的变化。以汽车、飞机制造等为代表的复杂制造领域正朝着高柔性和快速响应发展，生产系统模型的建模方法至关重要，不仅要求它能够充分描述系统的各种问题、系统的评估标准和系统中的不确定因素，而且要能够有效地获得用于控制系统的解决方案。生产系统模型要从整体上保证各种作业高效、可靠的执行和子系统的相互协调，虚拟车间生产系统结构如图 6-16 所示。影响生产系统模型的复杂性的因素有作业类型、所需的共享资源和机器人的作业模式。

图 6-16

作业类型是指车间要完成的任务类型，如冲压作业、喷涂作业、焊接作业、装配作业等，作业的类型不同决定着其设备、物流特点以及在集成可视化环境中采用的模块的不同。

共享资源涉及以下几方面：

（1）各种装配所要使用的附件。包括各种工具（如风动螺丝旋紧器）、夹具、机床、可编程设备（如可转位工作台、进给架）和传感器。

（2）工件的输入输出装置。一些装配使用的标准部件如螺栓、螺母，可以部件和损坏的刀具暂存。

（3）一个工件至少需要两个以上机器人操作

1）在一个工步上共同操作。

2）共享一个完成工件。

2. 虚拟车间生产系统建模的实现条件

虚拟车间生产系统建模问题除了要能够描述生产系统的生产过程外，还要通过系统的布局、资源的选用等重点解决以下问题：

（1）保证制造过程各阶段的"及时制"，即产品加工过程的各阶段、各工序的衔接要尽量紧密，使之成为连续过程。问题的关键是要合理布局，减少生产周期中的运输、等待时间，提高加工装配时间在生产周期中的比例，理想的情况是无等待时间的"及时制"过程。

（2）实现"并行"规划。为提高生产率、缩短生产周期，多机器人及其相关资源的动作是并行的，系统要基于并行的思想制定生产作业计划。

（3）模型要保证制造加工过程资源负荷的均衡性。

（4）模型要具有重新规划的能力和对不确定事件（如机床或机器人故障）的反应能力。

（十） 虚拟车间系统控制及多机器人协调合作

虚拟车间的控制问题很早就已开始研究。对于传送线类型的装配生产线，如早期的汽车装配线，其上每个机器人都有其自己的工作，系统控制主要是按事先规划的步骤进行，所能做的随动态变化而进行的动态规划十分有限，一旦出现故障，需进行停线维修。虚拟车间的控制系统强调柔性、动态响应性和集成性，传统方式通常由一个可编程逻辑控制器实现对设备及机器人的控制，这种情况下，预计划是控制的关键因素，但系统的柔性仍然十分差。解决的办法是要求系统能实时地插入一些规划，动态地处理多机器人的协调问题和一些始料未及的变化，如坏件和机器故障等。另一方面，由于机器人作业在现代生产制造中占有很大比重，机器人代表着大部分的资本投资，它的规划与控制在现代制造领域具有典型性。一个含有多个相同或不同种类的多机器人生产系统，具有能使机器人的不同能力高效发挥的潜在优势，工业机器人的发展正由过去的部件发展方式向系统发展方式改变，多机器人的协调合作问题是未来车间发展机器人的趋势。

多机器人协调作业的优势在于：①可以通过多个机器人协作处理复杂的工作；②通过备份和分担责任使整个生产系统的可靠性提高；③通过降低单元成本，特别是对昂贵且使用率较低的资源，可以作为共享资源，提高产量；④共享空间减少了所需要的整体的空间；⑤减少了材料处理设备，如共享缓冲站的个数；⑥当条件合适时，两个机器人可以同时在工件的不同表面作业，减少了循环时间；⑦可通过分担任务和彼此能力的利用，增强全体机器人的利用率。

因此，一方面，实现面向机器人作业单元的系统化任务编程，并使机器人的控制融入整个生产控制体系，是虚拟车间的系统控制所要解决的问题。另一方面，多机器人的使用会带来冲突问题（如碰撞、资源竞争等），如当某种复杂的装配作业需要多机器人协作完成时，就不仅需要解决多机器人任务的规划、协调合作的实现、工作空间的分配、执行器的避碰、意外事故处理等问题，更要求以上规划具有很高的可靠性。这就迫切要求有一个适合多机器人生产系统的高柔性、高可靠性的多机器人协调合作控制策略。

1. 虚拟车间控制系统的构建

一个层次性的多机器人虚拟生产平台的控制系统结构。最上层是控制系统的系统控制器，它负责规划混合工件选择问题、工件混合率（为并行操作做准备）和多种类型的工件流问题（如进入空/非空缓存区的顺序），并且它能够根据每个机器人的性能及必要的辅助设备的可用性，不断给各个机器人分派工作任务，这种分派可以是异步的，即机器人在前一个任务尚未完成时，仍可以接受新的任务。在每个机器人接受任务后，多机器人的作业及协调合作的控制就由多机器人协调控制器来实现。

控制系统的第二层是多机器人协调控制器，一个多机器人协调控制策略——计划合并策略来保证机器人间的协调合作。机器人接收到任务以后，首先把它们细分成动作序列并存储在自己的执行计划队列中，在每个动作执行前，必须取得执行计划合并的权限来保证这个动作对于其他机器人和周围环境是协调的。每个机器人把当前的执行计划的状态作为下一个计划合并的初始状态。

这是一个可用于实时控制的控制系统，当计划合并策略执行失败或系统出现意外故障（如一个机器人突然出故障）时，多机器人协调控制器向高层系统控制器进行及时的反馈，由高层系统控制器对故障进行处理。

2. 意外事故的处理

实时的意外事故的处理发生在系统控制器层。对于某些可恢复的故障，系统控制器可以实现在线修复，从而使得局部的故障不会影响整个生产系统的运行。如果出现由于资源分布不合理引起的计划合并失败（不是逻辑错误），则要返回修改生产系统模型，使得系统的可靠性得以提高。对于不可恢复的故障，只好通知停线维修。

对于可恢复的任务级的故障，例如某一作业任务执行失败等，在这种情况下，系统控制器会立刻得到返回的错误信号，从而可以判断出它的故障类型。把它作为故障恢复处理的子网模型，系统控制器会在失败点启动相应的故障恢复进程，进行故障恢复。其前置和后置约束条件不变。如由于工具突然损坏导致机器人抓取动作失败的故障，可以通过插入一个给机器人安装工具，重新执行抓取动作的任务序列来恢复。可以证明，任务级故障的恢复处理是安全的。

对于加工单元中出现设备级故障时，如系统中的一个机器人或机床损坏，系统控制器要根据所获得的错误代码查看该资源的类型以及故障的可恢复性。设备级故障的可恢复性是指是否可以找到代替该设备的资源，若不可代替且硬件损坏，是不可恢复的故障，否则是可恢复的故障。例如当一台机器人出现了故障时，系统控制器要查看它是否是可移动的、是否有与之协作和共享空间的机器人等，若该机器人的作业可以被其他机器人替代，则系统控制器对机器人的任务进行调整，用其他的机器人来代替这台损坏了的机器人的工作，并以一个新的局域模型来替代现有的这部分局域模型，同时通知管理员对损坏了的机器人进行检修。设备级故障的恢复并非简单的任务替代与合并，因为必然要出现资源共享，这样就有出现死锁的可能性。所以故障的恢复不仅要涉及损坏的设备和替代其工作的设备，而且与局部单元的物流规划也有关系，所以需要一个新的局域模型。

（十一）虚拟车间中的信息集成与再利用

生产数据与管理信息在不同仿真软件与应用工具之间如何有效的集成。任何一种软件工具也不可能具备所有功能，所以在多种工具同时使用的情况下，由于不同软件与工具所接收的数据格式不同，信息的传送与理解是一个亟待解决的问题。这里所强调的信息指的是生产数据与管理信息，而非工件的图形数据文件。

数据驱动的生产系统动态调整，即面对大规模定制所要求的变化的需求，如何快速了解变化，用变化了的数据驱动生产系统，使之作出相应的调整。例如对布局和生产过程进行调整，以满足新的要求。

对已有模型的再利用。对仿真系统来说，建模是一件复杂且费时间精力的工作，因为虚拟车间的模型不仅包含物理布局，还包括生产运作与管理信息，往往是对一个新的提案仍需要重新建立仿真模型，这是一个重复工作。

第七章　虚拟样机与虚拟集成

在航空、航天、汽车等领域大型复杂产品的研制开发过程中，常使用各种实物模型来解决设计和制造中的各种问题。例如在飞机设计初期，为了验证飞机的空气动力性能，需要制作飞机的风洞实验模型。这种用物质材料制作的产品模型称为物理模型（或物理样机、实物样机），它通常需要花费较大的制作成本和较长的制作时间。

随着电子计算机及软件技术的迅速发展，人们已可以用计算机系统来建立产品的数学模型，称为产品的计算机模型。

虚拟产品开发是伴随着激烈的市场竞争出现的一种新的产品开发方法。虚拟产品开发可看做是以设计为中心的虚拟制造技术，它通过建立产品的数字化原型（虚拟样机或数字样机）代替传统实物模型，在数字状态下进行产品静态和动态性能仿真，不断完善原始设计，使新产品开发一次成功。本章主要介绍虚拟样机和数字样机的基本概念和关键技术、虚拟产品开发过程和方法、产品协同设计技术及产品信息可视化集成共享技术。

第一节　虚拟样机技术概述

虚拟样机是一种新的产品开发方法，产品完全基于计算机模型，采用数值计算进行设计。对于虚拟样机目前还没有统一的定义。

在 CAD 领域，虚拟样机的概念即利用计算机建立产品的三维几何模型，经过建立约束关系的装配模型、功能和性能仿真，部分或全部代替物理样机的试验，使得物理样机在真正生产之前，产品的性能大部分已通过了计算机模拟或验证，从而减少产品设计的返工和出错率，提高设计效率，同时又可及早发现物理样机在制造和装配中可能出现的问题。由于产品模型完全是电子化的模型，有时又称这类样机为"电子样机"。

在虚拟现实领域，虚拟样机作为虚拟现实在 CAD 领域的典型应用，指的是在虚拟现实环境下模拟产品的设计、制造仿真、装配等过程，使得设计者犹如亲临现场，特别是在虚拟装配方面，能够真实地模拟装配过程，及时发现装配中的问题。以数字样机为基础的虚拟样机大部分是以计算机和 CAD 技术、仿真技术实现其功能，并不过分强调设计、装配环境的真实模拟；而虚拟现实环境下的虚拟样机更强调虚拟的真实环境，具有现场沉浸感。上述虚拟样机的意义和工作环境尽管不同，但它们具有一些相同的特点：都是利用计算机建立与物理样机"相似"的模型，并对模型进行评估和测试，从而获得物理模型设计方案的一种途径。从实现技术来看，以数字样机为代表的虚拟样机技术比较成熟，而虚拟现实环境下的虚拟样机技术由于受到硬件设备和软件功能的限制还处于研究发展阶段。

20 世纪 90 年代以来，计算机虚拟现实技术得到进一步发展。它把虚拟现实技术与已经成熟的计算机辅助设计、工程与制造技术（CAD/CAE/CAM）进行有机结合，为产品的创意、合理设计及工艺优化提供一个虚拟的平台。借助于这样的虚拟环境，研究人员可以从虚拟结果中得到感性和理性认识，从定性和定量的角度，帮助设计者正确判断其初衷正确与否，帮助实现创新设计；通过对产品进行虚拟的加工、装配、调试、运行和维护等过程的工程评价，在设计阶段就可以及早发现和避免那些只有在制造、装配、运行过程中才会暴露出来的问题和缺陷。简单地讲，虚拟样机技术就是借助于虚拟现实技术提供的集成环境，用虚拟样机模拟实物样机完成产品设计、制造、装配与使用、维护等过程的相关分析，增加制造实施的可行性。相对于 CAD/CAM/CAE，虚拟样机技术强调更加自然、逼真的人机交互方式（包括视觉的、触觉的和听觉的），不仅包括产品的几何建模，更以其物理动态过程与理论基础实现真实意义上的动态仿真，在设计阶段中，完成产品的加工、装配、运行、维护和性能分析。因此虚拟样机技术是一种全新的设计思想和设计技术，是工程数字化的具体体现。它可以大大减少实物模型和样机的制造，避免设计缺陷，缩短产品的开发周期，降低产品的开发成本和制造成本。

虚拟样机的实质是用精确逼真的数字模型表示物理样机的各个部分、各个部件以及整个原型样机，在计算机中进行样机试验。因此完整、高效的数据库是虚拟样机系统的重要组成部分，直接关系到虚拟样机系统的逼真程度。

虚拟样机系统是一个集样机设计、虚拟制造、装配、控制、调试、运行、维修仿真一体化的解决方案。在这个系统中可以从无到有、由粗粒度到细粒度逐步建立加速器的样机模型，并对其子系统和全系统完成设计、运行仿真和制造、装配、调试、维修分析。虚拟样机所反映的加速器的性能，视虚拟样机模型的粒度而定，细粒度的样机模型不仅能反映系统较深层次的性能，还能较准确地描述系统或子系统的真实物理状态。

虚拟样机是实际产品在计算机上的表示，它能够反映实际产品的特性，包括外观、空间关系以及运动学和动力学特性。虚拟样机技术是在 CAD 模型的基础上，把虚拟技术与仿真方法相结合，利用虚拟环境在可视化方面的优势以及可交互式地探索虚拟产品的功能，对产品进行几何、功能、制造等许多方面交互的建模与分析。因此，在产品设计开发过程中，除了完成传统的原理图形、符号方案的概念设计内容外，还包括零件的三维结构设计、可装配性设计、可靠性设计、虚拟装配、三维实体仿真、运动干涉检验、空间布局、工业美学设计等，并针对该产品在投入使用后的各种工况进行仿真分析，预测产品的整体性能，进而改进产品设计，提高产品性能。

产品虚拟样机的设计主要由以下部分组成：设计方案确定、概念设计、详细设计、仿真分析和优化设计等。

确定设计方案，就是根据市场调研进行项目立项，提出新产品在结构、原理、性能、功能等方面的技术要求和技术指标以及实施方案，并进行方案的评审论证。

进行概念设计就是进行原理性设计和计算，即依据以上技术指标构造产品的几何形状和工程关系，建立一些方程和规则，完成产品结构的初步设计，该结构要尽可能地反映产品原理、性能和功能上所具有的一些要求和特点，并依此制定一些详细的设计准则，并确定如何描述最后的零件和装配。

详细设计就是在设计准则下进行产品结构的修改，形成产品零件最终的形状和尺寸。设计准则一般包括应改进的缺陷、干涉尺寸、装配环境、应力、加工等因素。在进行详细设计的同时，需要对产品零部件在制造环节和使用环节的状态进行仿真，这包含了一系列内容和步骤，如加工过程的应力应变场的仿真，使用工况下的动态响应仿真，包括分析模型的建立、环境模型的建立、负载和约束的施加、响应考核点的设定等。仿真的真正用意不是得到几个数据，而是进行性能评估，从而达到指导设计、优化设计的目的。

在完成这些设计过程及其相关问题求解之后，在计算机上定义零部件的连接关系并对机械系统进行虚拟装配，便得到虚拟样机。

基于虚拟现实的虚拟样机是在虚拟现实环境下模拟真实产品建立的数字模型，因此它的输入设备、零件设计、装配方法均受到虚拟现实环境的影响，具有自己的方法和特点。目前，真正实用和商品化的虚拟装配系统还很少见到。虚拟装配是数字化装配的一种形式，也是虚拟制造技术发展的一个研究方向。

在航空、航天、汽车等领域的大型复杂产品的研制开发过程中，常使用各种实物模型来解决设计和制造中的各种问题。例如在飞机设计初期，为了验证飞机的空气动力性能，需要制作飞机的风洞实验模型。这种用物质材料制作的产品模型称为物理模型（或物理样机、实物样机），它通常需要花费较大的制作成本和较长的制作时间。

随着电子计算机及软件技术的迅速发展，人们已可以用计算机系统来建立产品的数学模型，称为产品的计算机模型。

一、计算机模型的优点

计算机模型与物理模型相比，有很多优点：

（1）计算机模型是用适当的数学方法和相应的数据来描述产品模型并将这些数据存储在计算机系统内的，所以花费的成本低，建立模型的周期短，模型的可重用性好。

（2）对于同一产品可方便地建立满足不同需求的多种计算机模型，而且又便于修改，为产品的优化设计和改型设计提供了有力手段。

（3）根据计算机模型可以方便快速地完成各种工程分析所需的计算工作，并加速产品的工艺规划等后续工作的进行。

（4）计算机模型可以方便地模拟产品（对象）的各种运动状态，甚至达到动态仿真的程度。而要用物理模型来实现上述效果往往需要付出很大代价。对于某些特殊的研究对象，物理模型很难甚至无法实现模拟和动态仿真。

（5）计算机模型原则上不受尺寸大小的限制，可方便地对它实施比例变换。

（6）计算机模型便于人们观察它的内部（内腔），而物理模型很难做到这一点。

虚拟样机是一种新的产品开发方法，产品完全基于计算机模型，采用数值计算进行设计。对于虚拟样机目前还没有统一的定义。在CAD 领域和虚拟现实领域都使用"虚拟样机"的中文术语，但是对应的英文含义却不完全相同。

以数字样机为基础的虚拟样机大部分是以计算机和 CAD 技术、仿真技术实现其功能，并不过分强调设计、装配环境的真实模拟；而虚拟现实环境下的虚拟样机更强调虚拟的真实环境，具有现场沉浸感。上述虚拟样机的意义和工作环境尽管不同，但它们具有一些相同的特点：都是利用计算机建立与物理样机"相似"的模型，并对模型进行评估和测试，从而获得物理模型设计方案的一种途径。从实现技术来看，以数字样机为代表的虚拟样机技术比较成熟，而虚拟现实环境下的虚拟样机技术由于受到硬件设备和软件功能的限制还处于研究发展阶段。

机械装置设计完成后制作实物较费周折，如果存在问题或造成现场的损失，返工时间和花费也很大。而通常控制系统不易损坏，如果有问题改一下程序可能就行。为此，能否在新产品设计时，将机械设计稿做成虚拟样机，将电气控制系统使用实物，然后将两者协调连接在一起，检测两者的初步问题，为完善设计提供必要的参考，这样可加快设计进程，为此提出了虚机实电设计方法。

就大装备的机械结构本身而言，通常是分部件逐步加工完成的，完成的部分用实物，未完成的部分用虚拟方式，实电、实机和虚机共同构成测试系统，逐步过渡到全部实物的完工，虚拟样机伴随着设计和制造的整个过程。

不论产品设计何时完成，都可随时使用虚拟样机进行性能分析，从而在设计过程中了解可能的结果，将对设计成功率的提高和缩短设计时间起到良好的帮助作用。

二、融入虚拟样机分析测试的产品虚拟设计

融入虚拟样机分析测试的产品虚拟设计如图 7-1 所示，主要涉及如下几个关键点。

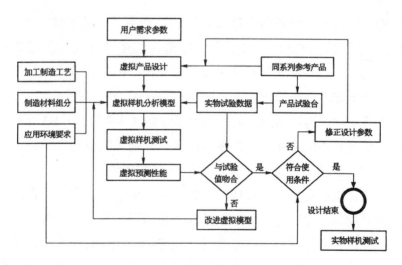

图 7-1

1. 根据设计产品建立虚拟样机模型

（1）根据生产和用户环境信息，参考实物试验，建立虚拟样机性能分析模型。

（2）虚拟分析结果与实物试验数据在已有试验点上进行吻合性对比。

（3）若误差太大，改进分析模型。

（4）若误差较小，证明虚拟分析结果具有可信度，分析结果与需求对比。

（5）如果与需求较吻合，表明产品设计具有较好的正确性。

（6）如果与需求不吻合，调整设计参数，重新进行产品设计，直到结果满意。

（7）设计完成后，制造实物样机，进行实物试验测试验证，确保产品设计正确。

通过这一设计方法，与企业原来的设计相比，至少可以减少50%的设计周期，不仅可提高设计效率，同时还减少资源和人力投入，提升产品质量和可靠性。

2. 主要内容和工作步骤

对于大型装备、大型非标零件、现场多系统集成安装的装备，有必要使用上述方法。其主要内容和工作步骤体现在以下几个方面：

（1）根据重型机械装备的结构复杂、运动状态众多、实际加工不确定等特点，分析系统的集成性、直观性、易用性和交互性等需求，设计总体的功能架构和开发流程。

（2）整理目标设计相关的参考图纸，以PDM自上而下的构建方式将产品模型架构描述为树状关系模型层次图，并整理其中的运动关系，再将模型中的组件重新拆分组合，从而厘清物理模型和运动模型的关系。

（3）根据设备的树状结构层次图，采用自下而上的过程，先零件再部件最后装配的顺序建立虚拟样机的几何模型，并根据主次的不同对几何模型进行必要的简化，以提高模型的加载速度。装配完成后，通过重新整理、分批导出的方法，实现运动部件的分离，并建立运动模型。

（4）在虚拟模型中添加控制系统需要使用的信号反馈传感器模型，建立机械动作和电气信号输出转换仿真模块和输入输出接口。建立各独立系统之间的关联，建立子系统之间的通信，编写相关的通信语句，实现PLC与计算机、PLC与程序面板、程序面板与虚拟环境的通信，使得系统之间能够独立运作又相互作用，搭建虚实结合的控制平台。

（5）分析各运动的逻辑控制关系，编写相应的 PLC 程序，通过通信功能，实现 PLC 程序的写入和读取，由梯形图向 PLC 程序的转换：元件状态的转换，并增加对元件的读取和写入功能，实现 PLC 程序的使用和更改。

（6）实现运动参数控制功能。使得不熟练 PLC 编程的工作人员也能进行对设备参数的设置和查看对应的运动仿真结构。

（7）编写 Java 脚本，实现 VRMI 中的判断和输入输出功能，使得外部能改变虚拟样机的状态。同时，通过读取虚拟样机的状态反馈，能够判定和执行下一步工作。

（8）实现系统数据的多重交互，使得虚拟样机能从多个路径获取数据，从而实现多种控制和多向输出。

（9）实现系统数据的机械运动超限报错，通过系统面板的预先提示和发生状况后的报警，直观地找到发生问题的部分，及时找到控制参数出错的位置，以便在调试和更改时能更快速地解决问题。

第二节　虚拟集成技术的概念

所谓系统集成（System Integration，SI）是指在系统工程科学方法的指导下，根据用户需求，优选各种技术和产品，将各个分离的子系统连接成为一个完整可靠、经济有效的整体，并使之能彼此协调工作，发挥整体效益，达到整体性能最优。系统集成包含了诸如功能集成、网络集成、软件界面集成等多种集成技术，是一个多厂商、多协议和面向各种应用的体系结构。集成技术实现的关键在于解决系统之间的互连和互操作性问题。

作为一种新兴的服务方式，系统集成是近年来国际信息服务业中发展势头最猛的一个行业。系统集成的本质就是最优化的综合统筹设计，一个大型的综合计算机网络系统，涵盖的内容包括计算机软硬件技术、操作系统技术、数据库技术、网络通信技术等，以及不同厂家产品选型、搭配的集成技术。考虑到系统集成所要达到的目标是整体性能最优，即所有部件和成分合在一起后不但能工作，而且全系统是低成本的、高效率的、性能匀称的、可扩充和可维护的系统，因此系统集成商的优劣是至关重要的。

一、系统集成平台的特点

系统集成平台具有以下几个显著特点：（1）系统集成要以满足用户的需求为根本出发点。

（2）系统集成不是选择最好的产品的简单行为，而是要选择最适合用户的需求和投资规模的产品和技术。

（3）系统集成不是简单的设备供货，它体现更多的是设计、调试与开发，具有较高的技术含量。

（4）系统集成包含技术、管理和商务等方面，是一项综合性的系统工程。技术是集成工作的核心，管理和商务活动是集成项目成功实施的可靠保障。

（5）性能、性价比的高低是评价一个系统集成项目设计是否合理和实施成功与否的重要参考因素。

总之，系统集成既是商业行为也是管理行为，其本质是一种技术行为。

二、系统集成的分类

（一）设备系统集成

设备系统集成，也称为硬件系统集成、弱电系统集成，以区别于机电设备安装类的强电集成。它以搭建组织机构内的信息化管理支持平台为目的，利用综合布线技术、楼宇自控技术、通信技术、网络互联技术、多媒体应用技术、安全防范技术、网络安全技术等，将相关设备、软件进行集成设计、安装调试、界面定制开发和应用支持。设备系统集成也可细分为计算机网络系统集成、智能建筑系统集成、安防系统集成等方面。

计算机网络系统集成（Computer Network System Integration），也即

通常意义下的系统集成技术，指通过结构化的综合布线系统和计算机网络技术，将各个分离的设备（如个人计算机）、功能和信息等集成到相互关联的、统一和协调的系统之中，使资源达到充分共享，实现集中、高效、便利的管理。显然，这需要很好地解决各类子系统间的接口、协议、平台、应用软件，以及与设备环境、施工配合、组织管理、人员配备相关的一切面向集成的问题。

智能建筑系统集成（Intelligent Building System Integration），指以搭建建筑主体内的建筑智能化管理系统为目的，利用综合布线技术、楼宇自控技术、通信技术、网络互联技术、多媒体应用技术、安全防范技术等，将相关设备、软件进行集成设计、安装调试、界面定制开发和应用支持。智能建筑系统集成包含的子系统非常广泛，如综合布线、楼宇自控、电话交换机、机房工程、公共广播，以及一卡通、停车管理、多媒体显示系统、远程会议系统等。对于功能近似、统一管理的多幢住宅楼的智能建筑系统集成，又称为智能小区系统集成。

安防系统集成（sSecurity System Integration），指以搭建组织机构内的安全防范管理平台为目的，利用综合布线技术、通信技术、网络互联技术、多媒体应用技术、安全防范技术、网络安全技术等，将相关设备、软件进行集成设计、安装调试、界面定制开发和应用支持。安防系统集成实施的子系统包括门禁系统、楼宇对讲系统、监控系统、防盗报警、停车管理、消防系统等，既可作为一个独立的系统集成项目，也可作为一个子系统包含在智能建筑系统集成中。

（二）应用系统集成

应用系统集成（application system integration）从系统的高度为客户需求提供应用的系统模式，以及实现具体技术解决方案和运作方案，为用户提供一个全面的系统解决方案。应用系统集成还包括构建各种Windows 和 Linux 的服务器，并使各服务器间可以有效地通信，给客户提供高效的访问速度。

应用系统集成已经深入到用户具体业务和应用层面，在大多数场合，应用系统集成又称为行业信息化解决方案集成。可以说，应用系统集成是系统集成的高级阶段，独立的应用软件供应商将成为其核心。

集成是人类认识自然、改造自然的社会活动，是人类的一种有意识、有选择的行为。集成的应用与实践对人类社会生产与生活方式的变革与发展产生着积极的、革命性的影响。从集成电路到集成光学，再到计算机辅助设计（Computer Aided Design，CAD）的集成产品开发，从技术集成、信息集成、过程集成、系统集成到综合集成，人类社会生产和生活的各个方面，正在享受着伴随集成而来的众多"乐趣"。

广义而言，系统的集成是以信息的采集、传输、转换、处理、储存、显示和利用为目的，将属于一个系统的各功能部件或元素，采用计算机软件集成技术按照一定的功能关系有机地组合在一起，在一个更高的层次上形成一个新的功能系统。对于一个测控系统来说，系统的集成意味着将不同的功能元素，即不同的传感器、中间变换装置、数据处理器、执行器和终端输出装置（有时也包括控制器），以最优的形式结合在一起，以实现一个针对目标测量任务的功能实体或系统。在这种集成中，贯穿始终的是信息和信息的传递，并且这种系统的集成往往是依靠计算机技术来最终实现的。

测控系统的结构多种多样、功能更是不尽相同，它们的集成必然是在一个更高层次的实现，所产生的新系统也必然具有更优的功能关系，而不仅仅是各子系统功能的简单综合，更不能是原系统的重复。因此，在系统集成过程中，必然涉及不同信息在集成系统各层次上的融合、各层次的总体配置、信息流的分配与控制、系统的优化及多目标优化与决策、系统的建模、系统接口和操作系统的设计，以及可靠性等问题和技术。

举例来说，三坐标测量机是机械加工过程中常用的精密测量仪器，其优点是测量精度高，但测量时间较长，且一般仅能测量简单几何体零件的尺寸。相比而言，光学非接触测量技术，如干涉技术、全息测量技术、结构光三维形貌测量技术等，其最大的特点是测量时间短，能测量复杂的自由曲面形状的零件，但其测量精度一般不如三坐标测量机。而生产过程中往往需要实时灵活地测量不同种类的零件尺寸，最大限度地提高生产效率，实现生产过程的自动化。将这两种测量技术结合起来，在 CAD 技术的基础上实现多传感测量技术的集成质量保证系统，实施加工过程从 CAD 开始一直到产品的加工和最终产品质量检测的自动化，便能提高生产的效率，保证产品的质量，提升产品的市场竞争力。

集成这样的系统，计算机信息集成技术非常关键。微机电系统是当今高科技发展的热点之一，其定义是：若将传感器、信号处理器和执行处理器以微型化的结构形式集成为一个完整的系统，而该系统具有敏感、决定和反应的能力，则称这样的系统为微系统或微机电系统。一个微机电系统装置便是一个典型的集成系统。较之普通的传感器或执行器，这种集成系统通常是光、机、电技术结合的产品，往往能实现更多的功能，且具有体积小、功耗低等特点，因此在许多领域具有越来越广泛的应用。

仔细观察不难发现，大到复杂的航天器、大型化工厂的生产流程控制过程，小到单个仪器甚至传感器，系统集成技术的例子处处可见。可以说系统集成技术的发展水平是衡量仪器仪表和测量控制科学技术发展水平的一个标志，因此也直接影响到其他科学技术领域的发展水平。加大对系统集成技术的研究和发展是研究人员重要的任务。

第三节　虚拟集成技术的趋势

一、测控一体化集成技术

近年来，采用系统集成技术解决测控系统的合理构成正成为测控领域普遍关注的话题。为了实现真正意义上的"测控一体化"，需要从测控系统集成的硬件、软件和标准化等角度入手，探索出一条行之有效的技术途径，使测控理论与技术发展到一个新的水平。

测控系统的规模和功能各异，且存在各种模板的集成，以及在异构和分布环境下设备互连、互操作及数据传输和通信等诸多问题，所以早期的测控系统大多是针对特定的功能要求进行研制，通用性差且难以扩展和移植。

测控一体化是当今测控系统的发展方向，它以计算机为核心，采用组件技术将标准总线、硬件模块或仪器单元和相应的测控软件等进行构建，同时贯彻实施一系列系统集成标准体系，使之成为通用性和可移植性强的测控系统。

测控一体化要求实现测控系统的集成，其目标不仅包括测控系统的体系结构集成，还包括功能集成、信息集成和环境集成，同时还要符合相应的系统集成标准，而实现该目标的技术途径就是运用 COTS 组件技术。

COTS（Commercial Off-The-Shelf）组件技术是 20 世纪 90 年代美国军方率先提出的一种集成通信技术，其基本思想是通过移植商品化的相应产品和技术来集成各种测控系统，以降低在研制、开发、生产和使用维护各个环节的费用，因此采用 COTS 组件技术实现测控系统的集成，无疑具有高效率和低成本的优点，特别是对许多生产批量小的专用测控系统具有实际意义。

二、系统集成模块

测控系统的 COTS 组件结构如图 7-2 所示，系统通常由以下四个部分组成。

（1）控制及监测硬件。即 PC 机和相应的控制板卡，如 A/D 板、I/O 板、通信卡和运动控制模块等。

（2）操作系统软件。如当前广泛使用的 Windows、PC UNIX 等操作系统。

（3）测控程序语言和开发环境。通常是指专为测控程序的编制而开发的一种语言，直接面向测试对象，易于编程和调试，甚至包含了大量的测试库函数，例如著名的 ATLAS、TBACIC 等。

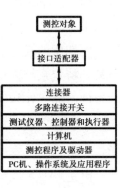

图 7-2

（4）测试仪器、控制器和执行器。该部分来自于商品化的、具有兼容性标准的各种测控仪器设备。

COTS 组件应具备标准化、系列化和通用化的特点，这对测控一体化的系统集成尤为重要。目前，商品化的硬件设备基本具有这些特点，如 ISA 总线、PCI 总线和 VXI 总线的各种模块，符合现场总线规范的各种智能模块和仪表，各种 PLC 产品，位于系统前端的传感器和末端的执行器等，其接口信号大多是标准系列。因此，对于测控系统的硬件集成，利用 COTS 组件实现是目前普遍采用且易于实现的方法。

相对而言，测控系统的软件集成则是一个重点和难点。这是因为大多数测控软件要做到标准化、系列化和通用化是比较困难的，它们要么是独立开发出来的；要么是嵌入式设备的专用软件，对设备的依赖性强、改造和升级困难。因此，测控系统的软件集成是一项十分重要的工作。

三、COTS 测控软件集成技术

1. COTS 测控软件的特点

传统的测控软件开发是按照一定的需求规范和系统描述自上而下完成的，而且构造的系统往往又是专用的，其最大缺点是系统的通用性和可移植性差。采用 COTS 测控软件集成可以有效地避免这个问题。通过把需求规范建立在一个较高的抽象层上定性描述测控系统，并进行 COTS 软件的评估和选择得到各子系统的功能描述，这样软件开发者并不去关注 COTS 软件内部的技术性能，而是关注软件集成后是否满足所期望的模型、功能和可靠性等。所以 COTS 测控软件已不再是为某一特定系统而设计的，而是面向某一类系统。它是一个相对独立的软件产品，在较宽的范围内具有通用性。目前已有满足这一要求的商品化软件出现，如测试语言和环境等，包含有完整的应用及服务程序、子系统、子程序库和抽象数据类型及函数等。

由于 COTS 测控软件集成技术在性价比和开发周期上具有显著的优越性，近年来发展势头迅猛，其中以测控组态软件最具代表性。

测控组态软件通常具有以下三个功能：信号测试和数据采集、控制决策和控制输出、数据的分析处理和管理。它是一个通用的测控软件平台，可以根据不同的功能需求和应用环境，方便地构造各种不同的测控软件。

2. 软件集成的开发

测控组态软件的开发按照以下两个方面进行。

第一，数据采集与控制。开发以数据为核心，支持各种模拟量、数字量，还支持符合现场总线规范的各种传感器和智能仪表的输入输出，甚至还支持各种虚拟仪器；增强数据的分析处理功能，如统计分析、谱分析和相关分析等；提供灵活的数据接口和大容量存储空间，方便数据的传输、存储和管理。

第二，与网络技术、多媒体技术兼容。支持多种网络协议，如TCP/IP、IPX/SPX 等，支持分布式信息处理，有的组态软件还以 Client/Server 结构形式出现；双机备份冗余以提高系统可靠性；实现虚拟现实环境，准确描述测控对象的状态模型，并对测控环境进行可视化，使用户界面更为丰富和逼真。目前已进入研究开发阶段且具代表性方向的有 COM/DCOM 和 Active X，其中前者是将面向对象和分布式两大技术相结合而形成的测试软件组件开发标准和规范，后者则是通过 Active X 组件实现客户机/服务器结构，可在进程内、本地进程外或远程进程外三种方式之一的网络中进行。此外，还有通过 CORBA 构成异构环境、分布式和可重用组件集成，基于面向对象技术，实现即插即用。

目前市场上的各种测控组态软件在功能上已较为全面，使用维护也比较方便，但重要的是用一个统一的标准去规范各种组态软件，使之能相互兼容，才能真正实现具有应用价值的测控软件集成。

四、基于传感技术的集成

传感器是将非电量转换成与之有确定对应关系的电量输出的器件或装置，它本质上可以视为一个非电系统和电系统之间的接口。在测量系统中，传感器是系统的第一个环节，且是必不可少的一个环节。

对于一项测量任务来说，首先要能够有效地从被测对象中取得能用于测量的信息，并转化成后续系统能够处理的信号，这是由传感器实现的。同样对于仪器的系统集成来说，要实现系统的总体功能，传感器的选择和在系统中的配备十分关键。例如针对系统的总体功能，要选择适用于测量任务的传感器种类、信息传递的方式、传感器的大小和尺寸、配置的方式和同系统各部分的协调关系等。只有解决了这些问题，才有可能实现系统的集成。

近年来，随着微电子技术和微机电系统（MEMS）技术中的微细加工技术的迅速发展，如光刻、腐蚀、蒸镀、电火花加工、线切割及电铸成形（LIGA）工艺等，传感技术的集成化日趋成熟，往往是将单一功能的传感器与其他的传感器或执行器、信号处理元件及电路集成在一个系统中，而且往往是集成在一个芯片上，使之形成一种低功耗、全固体化的功能器件。

在此基础上，人们又进一步将原本多个传感器和功能电路集成在一个传感器内，使之具有更强的功能。仅凭一个传感器就可实现多种参量的智能化测量，实现不仅一维、二维甚至三维空间的测量功能。

五、基于测控总线与通信技术的集成

当前，无论是何种测控系统的集成，都是以通信技术为核心。应用不同的通信方式，可以将原本互相分离、彼此孤立的小系统协调组合成一个有机的整体。不仅如此，这种广义的系统间通信与集成，还可以减少数据冗余、实现信息共享，便于对数据的合理规划与分布，有利于并行工作、提高工作效率，使系统整体性能优化。

测控系统中用到的通信方式主要有以下几类。

（1）总线。总线也称母线、汇线条等，用于连接多个集成片或器部件，并完成它们之间的信息传输。总线技术对于计算机的发展至关重要，也是构建各式各样的计算机系统、计算机网络的基石。总线标准的种类繁多，不同的总线标准适用的领域及范围都相差甚远。这里主要指用于近距离通信的片内总线、片间总线、内总线、系统总线和标准总线等。

（2）现场总线。现场总线是指连接智能现场设备和自动化系统的数字式、双向传输、多分支结构的通信网络。现场总线广泛应用于过程控制和测试仪表，与控制系统、现场仪表共同组成现场总线控制系统。

（3）工业控制局域网。集散控制系统，特别是大中型集散系统，通常由工业控制局域网来完成其通信任务，实现计算机之间、计算机与各控制单元之间的通信。工业控制局域网的拓扑结构通常是总线型、环型或以星型为基础的复合型结构。目前仍以各公司的专利协议为主运行，但标准化的呼声很高，标准化的进展也很快。

（4）仪器与自动测试系统总线。随着被测对象的增多及测试系统规模的扩大，仪器之间的通信越显重要。通用接口（GPIB）总线标准及 CAMAC、VXI 总线标准可以有效地解决各智能装置或系统的互联及通信问题。

根据用户要求和使用环境的不同，设计者可以选用不同的通信方式设计测控系统，且系统易于扩展。这种整体化的系统设计方法也是测控系统设计者所必须掌握的能力。

六、基于虚拟仪器技术的集成

虚拟仪器的概念是对传统仪器概念的重大突破，是计算机和仪器仪表技术相结合的产物。如果从信息论的角度看，任何一个仪器或系统都包含信息获取、信息处理、信息表达乃至信息储存、信息传递几个环节。传统的仪器仪表将所有的功能环节放在一个仪表机箱内，根据不同的功能要求采用不同的硬件结构，所以仪器仪表的功能是由其硬件结构限定了的，很不灵活。而虚拟仪器则是在最少量的硬件模块支持下，用计算机软件实现传统仪器仪表的上述功能。它利用计算机软件的强大功能，结合相应的硬件，大大突破了传统仪器仪表在数据处理、显示、储存和传送等方面的限制，使用户可以方便地对其进行维护和扩展。

目前的虚拟仪器产品，包括各种软件产品、GPIB 产品、数据采集产品、信号调理产品、VXI 和 PXI 控制产品等，是工程师构造自己的专用仪器系统的基础。虚拟仪器的应用多是将它们搭建成虚拟仪器系统。在信号调理卡、数据采集卡、GPIB 接口仪器、VXI 接口仪器等硬件的支持下，用虚拟仪器软件工作平台和相应的软件将各硬件和软件组织起来，集成为一个系统。这种自定义的系统同传统的仪器相比，功能更强，更能满足用户不断变化的需要。另外，由于仪器和系统的功能被部分（或全部）地"软化"，更多地体现在软件方面。因此，软件问题成为虚拟仪器的核心问题。

近年来，随着计算机网络技术的高速发展和广泛应用，基于网络技术的虚拟仪器已成为今天仪器领域发展的一个重要方向，也预示着虚拟仪器的开发进入了一个新的阶段。网络化虚拟仪器与 Internet 结合的典型结构如图 7-3 所示。

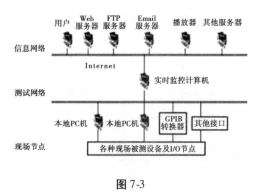

图 7-3

第四节　虚拟集成的基础技术

一、系统集成体系结构

信息系统定义：由计算机系统和通信系统组成，用于对信息进行采集、传输、处理、存储、管理，并有效地供用户使用的系统。

信息系统的基本功能：信息采集、信息处理、信息存储、信息传输和信息管理。

计算模式：集中式计算模式、客户机/服务器（C/S）计算模式、浏览器/服务器（B/S）计算模式、富网络应用（RIA）模式、对等计算（P2P）模式。

客户机/服务器（C/S）计算模式主要采用两层结构，即用户界面和大部分业务逻辑一起放在客户端，共享的数据放置在数据库服务器上。业务应用主要放在客户端对数据的请求到数据库服务器处理后将结果返回客户端。这种结构对于规模较小复杂程度较低的信息系统是非常合适的，但在开发和配置更大规模的企业应用中逐渐显现出不足。

浏览器/服务器模式以 Web 为中心，采用 TCP/IP、HTTP 为传输协议，客户端通过浏览器访问 Web 以及相连的后台数据库，它实质上是一种三层结构的 C/S 模式，它的基本思想是将用户界面同企业逻辑分离，把信息系统按功能划分为表示功能和数据三大块，分别放置在相同或不同的硬件平台上。

采用浏览器/服务器计算模式的信息系统具有用户界面简单易用、易于维护与升度良好的开放性、信息共享度高、扩展性好、网络适应性强、安全性好等优点。

二、信息系统集成的定义

综合来讲，信息系统集成的内涵就是根据应用的需求，通过结构化的综合布线系统和计算机网络技术，将各种网络设备服务器系统、终端设备、系统软件、工具软件和应用软件等相关软硬件和相关数据信息等集成到相互关联的、统一的、协调的系统之中，使资源达到充分共享，实现集中、高效、便利的管理并具有优良性能价格比的计算机资源达到充机系统的全过程。

数据集成是信息系统集成建设中最深层、最核心的工作。数据集成的核核心任务是要将互相关联的分布式异构数据源集成到一起，使用户能够以透明的方式访问这些数据源。

三、网络集成定义

网络集成是对用户网络系统的应用需求进行分析，根据用户需求，对网络系统进行规划，将网络设备服务器系统终端设备应用系统等集成在一起，组成满足设计目标具有优良性价比、使用管理理与维护方便的网络系统的全过程。

网络设计模型中，网络设备分为核心层、汇聚层和接入层。

服务器：按机箱结构分类，分为塔式服务器、机架式服务器、刀片式服务器。

对比：塔式服务器应用广泛，性价比高，但是占用较大空间，不利于密集型部署。机架式服务器平衡了性能和空间占用，但是扩展性能一般，在应用方面不能面面俱到，适合特定领域的应用，刀片式服务器大大节省空间，升级灵活便于集中管理，为企业降低总体成本，但是标准不统一制约了用户的选择空间。建议在采购时根据实际情况综合考虑，以获得最适合企业信息化建设的解决方案。

虚拟局域网（VLAN）是指在交换局域网的基础上，采用网络管理软件的可跨越不同网段、不同网络的端对端的逻辑网络。

四、网络互联设备分类

网络技术安全包括网络防护技术、网络检测技术、网络响应以及相关的网络策略等，例如防火墙技术。

入侵检测系统（IDS）实时监测内部网络的访问流量、应用进程状态系统事件和日志等信息，与入侵特征库比较识别入侵行为，并采取相应的措施，如记录证据用于跟踪和恢复、断开网络连接等。

第八章　虚拟测试与装配

众所周知，产品装配是将零散的部件组装成为完整的产品，它是产品制造过程的最后一个环节。传统的产品装配过程一般是借助于实物模型来完成，如果出现任何一个小的修改都可能导致实物模型的重建，因此这是一个费时、费力的过程，并造成了财力、物力的浪费。而面对日益激烈的全球化竞争，要求企业不断缩短产品的生命周期使产品快速响应市场。

虚拟装配（Virtual Assembly）技术正是在这种需求背景下产生的。虚拟装配一般被定义为：无须产品或支撑过程的物理实现，只需通过分析、先验模型、可视化和数据表达等手段，利用计算机工具来安排或辅助与装配有关的工程决策。虚拟装配是一种将 CAD 技术、可视化技术、仿真技术、决策理论及装配和制造过程研究、虚拟现实技术等多种技术加以综合运用的技术。

目前，国内外不少的研究机构及大型企业在虚拟装配技术研究方面取得了很大的进展。美国华盛顿大学与美国国家标准技术研究所 NIST（National Institute of Standard and Technology）合作开发了虚拟装配设计环境 VADE（Virtual Assembly Development Environment）；德国 Bielefeld 大学致力于将虚拟现实交互技术与人工智能技术结合，开发了基于指示的虚拟装配系统 CODY。国内浙江大学 CAD&CG 国家重点实验室在四面投影虚拟环境 CAVE 中开发了完全沉浸式虚拟装配原型系统 IVAS（Immersive Virtual Assembly System）。

第一节　虚拟测试的概念

随着虚拟仪器技术、虚拟现实技术特别是虚拟制造技术的出现和广泛深入的研究和推广应用，"虚拟"一词在自动检测、测试计量和仪器科学技术领域的使用越来越频繁，检测测试和仪器科学技术已经进入了一个新时代。

目前，关于虚拟测试尚无统一的定义，最常使用的有关术语和概念有：

（1）虚拟测试（Virtual Test，VT）。

（2）虚拟测量（Virtual Measurement）。

（3）虚拟检验（Virtual Inspection）。

（4）虚拟仪器（Virtual Instrument/Instrumentation，VI）。

正如人们在使用时往往不严格区分测试、测量、检测那样，我们也不严格区分虚拟测试、虚拟测量和虚拟检测，一般称之为虚拟测试。可以认为，虚拟测试就是在可视化、虚拟化、集成化的计算机和（或）网络环境下，通过软件实现测量的全部或部分功能，还可以在虚拟环境中对实际的测量过程进行仿真。

一、虚拟测试的分类

虚拟测试是计算机辅助测试（Computer Aided Test，CAT）、智能检测等的最新发展。当前，虚拟测试的研究和应用主要集中在以下两个方面。

（1）基于虚拟仪器技术的虚拟测试。

基于虚拟仪器技术的虚拟测试的核心思想是"软件就是仪器"（The software is the instrument）。其实现途径是利用软件来虚拟化和替代传统测量仪器中以硬件形式出现的二、三、四次仪表，即：信号调理与传输仪表、信号显示记录与存储仪表、信号分析与处理仪表（包括数字信号处理 DSP）及有关控制、监控环节，使得测量仪器的硬件尽可能软件化，软件尽可能集成一体化。

基于虚拟仪器技术的虚拟测试，实质上是广义的 VI（即 Virtual Instrumentation），它的研究范围覆盖了被测量对象、传感技术（一次仪表）、测试计量理论和方法以及整个测量系统，被视为仪器科学技术的一个最新发展分支，而不仅仅局限于研究完成某个具体、特定虚拟测试任务的虚拟测量仪器。VI 的内涵还在不断发展和深化。

（2）基于虚拟现实技术的虚拟测试。

基于虚拟现实技术的虚拟测试，则是在虚拟现实环境下，借助多种传感器和必要的硬件装备，根据具体需求完成有关的测量任务。在虚拟环境下，可以设计、构建所需要的虚拟测试仪器，还可以进行计算机辅助虚拟检测规划设计、测量过程仿真（虚拟测量操作）等工作。目前基于虚拟现实技术的虚拟测试的研究和应用热点有最新的飞行员、宇航员驾驶培训系统，汽车安全性能仿真试验，面向虚拟制造领域的虚拟测试等。

在虚拟现实环境下进行虚拟测试，能够将人、测量设备、测量系统模型和测量仿真软件集成于一体，提供良好的人机交互和反馈手段，产生逼真的效果。然而目前虚拟现实的硬件设备及工具价格昂贵，VR在测试、测量等工业领域的应用更注重技术功能的实现，因此，在具体研究和应用时，不必追求高档的、完全的 VR 环境。

上述两种类型虚拟测试的最大区别是，基于虚拟仪器技术（VI）的虚拟测试尽管也被称做"虚拟"，但是，它不可能完全虚拟，其中，被测量对象计量比对（或称溯源）不虚，传感器不虚，数据采集不虚，测量操作不虚，测量结果不虚。而基于虚拟现实技术的虚拟测试，一般则是全部软件化了的虚拟测试系统。

二、虚拟测试主要研究内容

目前，计算机技术中窗口化的工作平台、三维实体描述、图标化操作按钮、模块化的可视分析元件和有限元技术，以及软件化的虚拟仪器技术等的涌现和飞速发展，已经为虚拟测试系统的建立和应用奠定了良好的基础。与此同时，虚拟测试技术也给自动检测测试技术、仪器科学与技术带来了革命性的变化，使得检测、测试活动在产品全生命周期质量检测、质量控制和质量保证中发挥愈来愈重要的作用。

1. 虚拟测试的主要研究热点

（1）基于虚拟现实技术的虚拟测试。

（2）基于虚拟仪器技术的虚拟测试、集成测试。

（3）虚拟坐标测量机（VCMM）、CMM 环境的计算机辅助检测规划设计 CAIP（即 CMM 虚拟离线编程及测量过程仿真）。

（4）面向先进制造环境虚拟检测的虚拟量仪、虚拟量规（Virtual Gauge）、虚拟基准（Virtual Datum）。

2. 虚拟测试技术及系统的主要研究内容

（1）虚拟测试的基本原理与方法。

（2）虚拟测试系统的建模方法。

（3）虚拟测试环境下测试对象的建模方法。

（4）虚拟测试环境下测试信息的建模方法。

（5）虚拟测试环境的描述与生成方法。

（6）虚拟测试与虚拟现实技术的特征融合。

（7）虚拟测试原型系统的建立及软件开发。

（8）虚拟传感器研究。

（9）测量过程仿真技术。

（10）虚拟测试数据管理。

（11）虚拟测试与先进制造系统的集成技术。

三、虚拟测试的应用

虚拟测试仪器（系统）是计算机测试仪器发展的结果。它一般由计算机、一组模块化的硬件和测量软件组成。用户通过在计算机上操作图形化面板，就可操作、控制虚拟仪器的运行，完成全部测试功能。

虚拟测试可以降低实际测试操作的费用，减小在危险环境中实际测试操作的危险性，而且可以任意设置在现实中可能出现的一些特殊情况，不受时间、地点、天气等因素的影响。虚拟测试所具有的拟实性、灵活性和低成本等特点，使之成为虚拟现实技术的一个主要应用领域。

虚拟测试系统在航空、航天、核子反应、汽车撞击试验等领域中已经得到广泛应用，以下是虚拟测试技术的几个成功应用实例。

（1）美国某公司开发的全景式自动虚拟环境系统（CAVE）可以用来测量新产品在强冲击力和其他外在因素影响下所产生的内部构造

变化。传统的反复试验法依赖于试验者的技术和经验，而新产品越来越复杂，利用传统方法可能无法找出一些产品存在的构造问题，常常需要不断改变模型来反复测试。与传统方法相比，采用虚拟测试可以更快、更准确地找出问题之所在，而且在找出问题后，只需在计算机上进行修改，然后再进行虚拟测试，不需要直接制造、试制样品，因此省时省钱。

（2）美国宇航局（NASA）广泛使用虚拟现实技术、虚拟测试技术来培训宇航人员，并取得了很好的效果。如美国田纳西州阿诺德工程开发中心的"虚拟飞行试验"就是综合集成内场和外场各种试验与鉴定设施，把各种硬件软件及计算机仿真手段互联成网并和其他指挥、控制和战场管理系统形成闭环系统，从而构成"虚拟飞行环境"，在此环境下构筑和运行航空航天系统。

（3）美国 Deere Inc. 建立计算机模型后，由用户小组检查虚拟装载机。用户头戴观察镜，手系位置传感器，坐进司机位置后，就可以接触各种操纵装置。

四、虚拟仪器的应用特点

虚拟仪器的突出优点在于设备利用率高、维修费用低、能够获得较高的经济效益。用户购买虚拟仪器后，就不必再担心仪器会永远保持出厂时既定的功能模式，用户可以根据实际生产环境变化的需要，通过对软件的不同应用，拓展虚拟仪器功能，以便适应实际生产的需要。虚拟仪器的功能定义与控制的交互性很强，完全符合测试系统人性化的发展趋势。

虚拟仪器的另外一个突出优点是能够和网络技术结合，通过网络借助 OLE、DDE 技术与企业内部网或互联网连接，与外界进行数据通信，将虚拟仪器实时测量的数据输送到 Internet，实现远程虚拟测试。

与传统的硬件化仪器相比，虚拟仪器由微计算机作为统一的硬件支撑，它最大限度地利用了计算机特有的功能，例如数据计算分析、存储、显示、打印和管理等。因此，越来越多的传统硬件化仪器会被虚拟仪器所取代，测试仪器都变成一个个文件，融入计算机。在虚拟仪器系统中，硬件仅仅是为了解决信号的输入输出，软件才是整个仪器系统的关键。

虚拟仪器是最新 PC 技术、先进测试技术（如 VXI/PXI 功能模块仪器）和强大的软件包等多种技术的大集成。虚拟仪器与传统独立仪器的应用领域，既相互交叉又相互补充，相得益彰。在高速度、高带宽和专业测试领域，独立仪器具有无可替代的优势。而在中低档测试领域，虚拟仪器可取代相当一部分独立仪器的工作，但是，完成复杂环境下的自动化测试是虚拟仪器的拿手好戏，是传统的独立仪器难以胜任的。例如，利用虚拟仪器系统可开发复杂的汽车驾驶室模拟仿真测试台，并且在开发时可以获得极高的工作效率，这对于传统仪器系统而言，则是难以想象的。

与传统的硬件化的、功能单一、结构复杂的单台仪器相比，虚拟测试仪系统具有良好的性能价格比。一套完整的试验测量设备少则几万元，多则几十万元。在同等的性能条件下，相应的虚拟仪器价格要低一半甚至更多。虚拟仪器强大的功能和价格优势，使得它在仪器领域具有十分广阔的前景。虚拟仪器具有低投入、高产出、易于推广应用的特点，蕴含着巨大的经济效益。以对某精密加工设备的主轴进行振动诊断和寿命预估的测试仪器系统为例，需要传感器、放大器、滤波器、数据采集器、频谱分析仪、磁带记录仪、磁带解码仪等配套设备，一次简单的测试、诊断就需要配备价值 50 万元的仪器，如果采用虚拟集成测试系统实现同样的测试，其价格可降低 10～100 倍。虚拟仪器已成为发达国家大力发展推广的热门技术，已迅速在世界仪器仪表市场上占有一定份额。

虚拟仪器与传统仪器的比较如表 8-1 所示。

表 8-1　虚拟仪器与传统仪器的比较

虚　拟　仪　器	传　统　仪　器
仪器功能由用户自己定义	仪器功能由仪器厂商定仪
图形化操作界面，直接读数，分析处理	图形操作界面小，人工读数，信息量少
软件是关键	硬件是关键
开放的功能模块，可构成多种仪器	系统封闭，功能固定，扩展性低

虚 拟 仪 器	传 统 仪 器
技术更新快（周期 1～2 年）	技术更新慢（周期 5～10 年）
可方便地与网络外设连接	与其他仪器设备的连接十分有限
可以扩展的功能	硬件傲死，功能的扩展性差
无限的数据记录能力	数据记录能力取决于静态 RAM
多种显示方式选择	1～2 种显示方式选择
基于软件体系结构，节省开发维护费用	开发维护费用高
价格低廉，仅为传统仪器价格的 1/5～1/10	价格昂贵
用户编辑控制仪器硬件	用户无法自己编程控制仪器硬件
自动生成测试报告	手动生成测试报告
高质量编辑、存储、打印	数据无法编辑
可以自己定义的分析方法	无此功能
自适应动态测试	无此功能
测试程序中的多媒体操作符指令	无此功能
时间标记和测量注解	无此功能
数据库与系统间的通讯容易	增加硬件才能实现
测量关联和趋势输出	无此功能
个人可拥有一个实验室	多为实验室所拥有

第二节　虚拟测试的设备及环境

虚拟仪器可广泛应用于电子测量、振动分析、声学分析、故障诊断、航天航空、军事工程、电力工程、机械工程、建筑工程、铁路交通、地质勘探、生物医疗、教学及科研等诸多方面，达到国民经济的各个领域。虚拟仪器的发展对科学技术的发展和国防、工业、农业的生产将产生不可估量的影响。

一、虚拟仪器的优点和分类

与传统仪器相比，虚拟仪器有以下优点：

（1）融合计算机强大的硬件资源，突破了传统仪器在数据处理、显示、存储等方面的限制，大大增强了传统仪器的功能。

（2）通过软件技术和相应数值算法，可以实时、直接地对测试数据进行各种分析与处理。同时，图形用户界面（GUI）技术使得虚拟仪器界面友好、人机交互方便。

（3）基于计算机总线和模块化仪器总线，硬件实现了模块化、系列化，提高了系统的可靠性和易维护性。

（4）基于计算机网络技术和接口技术，具有方便、灵活的互联能力，广泛支持各种工业总线标准。因此，利用 VI 技术可方便地构建自动测试系统，实现测量、控制过程的智能化、网络化。

（5）基于计算机的开放式标准体系结构。虚拟仪器的硬、软件都具有开放性、可重复使用及互换性等特点。用户可根据自己的需要选用不同厂家的产品，使仪器系统的开发更为灵活、效率更高，缩短了系统组建时间。

与传统仪器一样，虚拟仪器由三大功能块构成：信号采集与控制、信号分析与处理、结果表达与输出，如图 8-1 所示。

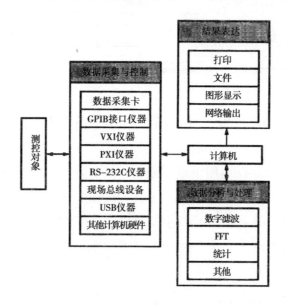

图 8-1

（一）虚拟仪器的硬件系统

虚拟仪器的硬件系统一般分为计算机硬件平台和测控功能硬件。计算机硬件平台可以是各种类型的计算机，如普通台式计算机、便携式计算机、工作站、嵌入式计算机等。计算机管理着虚拟仪器的硬、软件资源，是虚拟仪器的硬件基础。计算机技术在显示、存储能力、处理性能、网络、总线标准等方面的发展，推进了虚拟仪器系统的快速发展。

按照测控功能硬件的不同，VI 可分为 GPIB、VXI、PXI 和 PL 插卡式四种标准体系结构。其中前面几种仪器总线已在上节作了简要介绍，这里简要介绍 PC 插卡式虚拟仪器系统。

PC 插卡是基于计算机标准总线的内置（如 ISA、PCI、PC/104 等）或外置（如 USB、IEEE-1394 等）功能插卡，其核心主要是 DAQ（Data AcQuisition，数据采集）卡。它更加充分地利用计算机的资源，大大增加了测试系统的灵活性和扩展性。利用 DAQ 可方便快速地组建基于计算机的仪器，实现"一机多型"和"一机多用"。在性能上，随着 A/D 转换技术、仪器放大技术、抗混叠滤波技术与信号调理技术的迅速发展，DAQ 的采样速率已达到 1GB/s，精度高达 24 位，通道数高达数十个，并能任意结合数字 I/O、模拟 I/O、计数器/定时器等通道。

仪器厂家生产了大量的 DAQ 功能模块可供用户选择，如示波器、数字万用表、串行数据分析仪、动态信号分析仪、任意波形发生器等。在 PC 计算机上挂接若干个 DAQ 功能模块，配合相应的软件，就可以构成一台具有若干功能的 PC 仪器（个人仪器）。PC 仪器既具有高档仪器的测量品质，又能满足测量需求的多样性。对大多数用户来说，这种方案既实用又具有很高的性能价格比。

（二）虚拟仪器的软件系统

虚拟仪器技术的核心思想，就是利用计算机的硬/软件资源，使本来需要硬件实现的技术软件化（虚拟化），以便最大限度地降低系统成本，增强系统的功能与灵活性。基于软件在 VI 系统中的重要作用，NI 提出了"软件即仪器"的口号。VPP 系统联盟提出了系统框架、驱动程序、VISA、软面板、部件知识库等一系列 VPP 软件标准，推动了虚拟仪器软件标准化的进程。

虚拟仪器的软件框架从底层到顶层，包括三部分：VISA 库、仪器驱动程序、应用软件。

VISA（Virtual Instrumentation Software Architeeture）虚拟仪器软件体系结构，实质就是标准的 I/O 函数库及其相关规范的总称。一般称这个 I/O 函数库为 VISA 库。它驻留于计算机系统之中执行仪器总线的特殊功能，是计算机与仪器之间的软件层连接，以实现对仪器的程控。它对于仪器驱动程序开发者来说是一个个可使用的操作函数集。

仪器驱动程序是完成对某一特定仪器控制与通信的软件程序集。它是应用程序实现仪器控制的桥梁。每个仪器模块都有自己的仪器驱动程序，仪器厂商以源码的形式提供给用户。

应用软件建立在仪器驱动程序之上，直接面对操作用户。通过提供直观友好的测控操作界面、丰富的数据分析与处理功能，来完成自动测试任务。

当前最流行的图形化编辑语言是 Lab VIEW 和 Lab Windows/CVI，都是美国 NI 公司推出的面向计算机测控领域虚拟仪器的软件开发平台。软件介绍如下：

（1）Lab VIEW（Laboratory Virtual Instrumentation Engineering Workbench，实验室虚拟仪器集成环境）是一种图形化编程语言，是 NI 公司的软件产品，是目前应用最广、发展最快、功能最强的图形化软件集成开发环境。Lab VIEW 用图标代码代替编程语言创建应用程序，用数据流编程方法描述程序的执行，用图标和连线代替文本形式编写程序，为虚拟仪器设计者提供了便捷的设计环境。设计者可以像搭积木一样，轻松组建一个测试系统以及构造自己的仪器面板，无须进行任何烦琐的程序代码编写。Lab VIEW 作为一种强大的虚拟仪器开发平台，广泛地被工业界、学术界和研究实验室所接受，被视为一个标准的数据采集和仪器控制软件。

Lab VIEW 是一个真正的 32 位编译器，能创建 32 位的编译程序，解决了其他按解释方式工作的图形编程环境速度慢的问题。同时，Lab VIEW 可生成独立的可执行文件，使用户的数据采集、测试和测量方案得以高速运行。

Lab VIEW 集成了与 GPIB、VXI、RS-232C 和数据采集卡通信的全部功能，并且还内置了便于 TCP/IP、ActiveX 等软件标准的库函数。在这种通用程序设计系统中，提供的应用程序有数百种之多，除具备其他语言所提供的常规函数功能和上述的生成图形界面的大量模板外，内部还包括许多特殊的功能库函数和开发工具库以及多种硬件设备驱动功能，从底层的 I/O 接口控制子程序到大量的仪器驱动程序，从基本的数学函数、字符串处理函数到高级分析库函数，从对 TCP/IP 协议、ActiveX 标准控件的支持到具有硬件底层通信驱动以及调用其他语言的代码级模块等，供用户直接调用，可以完成复杂的面向仪器编程，并可以进行诸如小波变换和联合时频分析、数字图像处理等的测试与分析。

此外，Lab VIEW 还支持 Windows、Macintosh 等操作系统平台，并可把在不同平台上开发的应用程序直接进行移植，提供了大量的通过 DLL（动态链接库）、DDE（共享库）等与外部代码或软件进行连接的机制，以及大量 DLL（动态数据交换库）接口和对 OLE 的支持，扩展了 ActiveX（COM）技术应用，并可以与 Mathworks 公司的 MATLAB 及 NI 公司的 HiQ 的数学和分析软件进行无缝集成。

（2）NI 公司的 Lab Windows/CVI 是一个用于测试和测量的 ANSI C 开发环境，它的使用极大地提高了工程师和科学家们的生产效率。使用 Lab Windows/CVI 来开发高性能的、可靠的应用程序，可用于测试军事/航天、通信、设计验证和汽车工业等领域。开发人员可以在设计阶段利用 Lab Windows/CVI 的硬件配置助手、综合调试工具以及交互式执行功能来运行各项功能，使得这些领域的开发流水线化。使用内置的测量库，可以迅速地开发出复杂的应用程序。例如多线程编程和 ActiveX 的服务器/客户端程序。由于 Lab Windows/CVI 的便利性，可以通过在相似环境中重复使用以前的代码来维护代码投资，并且实现

Windows、Linux&reg 或实时平台上分布测试系统的无缝集成。

Lab Windows/CVI 是为 C 语言程序员提供的软件开发系统，在其交互式开发环境中编写的程序必须符合标准 C 语言规范。使用 Lab Windows/CVI 可以完成如下工作：①交互式的程序开发；②具有功能强大的函数库，用来创建数据采集和仪器控制的应用程序；③充分利用完备的软件工具进行数据采集、分析和显示；④利用向导开发 IVI 仪器驱动程序和创建 ActiveX 服务器；⑤为其他程序开发 C 目标模块、动态链接库（DLL）、C 语言库。

在 Lab Windows/CVI 开发环境中可以利用其提供的库函数来实现程序设计、编辑、编译、链接和标准 C 语言程序调试。在该开发环境中可以用 Lab Windows/CVI 丰富的函数库来编写程序，此外每个函数都有一个叫做函数面板（Function Panel）的交互式操作界面，在函数面板中可以执行该函数并可以生成调用该函数的代码，也可通过右击面板或控件获得有关函数、参数、函数类和函数库的帮助。在 Lab Windows/CVI 的交互式环境中编写程序必须符合标准 C 语言的规范。另外，在开发应用程序时可以使用编译好的 C 语言目标模块、动态链接库（DLL）、C 静态库和仪器驱动程序。Lab Windows/CVI 的功能强大在于它提供了丰富的函数库。利用这些库函数除可实现常规的程序设计外，还可实现更加复杂的数据采集和仪器控制系统的开发。仪器库是 Lab Windows/CVI 的特殊资源。使用 Lab Windows/CVI 开发工具提供的库函数可以创建自己的仪器驱动程序，可以创建单个仪器、多个仪器或实际上并不存在的虚拟仪器的驱动程序，在创建仪器驱动程序过程中可以使用 Lab Windows/CVI 的其他库函数。使用 Lab Windows/CVI 的用户界面编辑器可以创建并编辑图形用户界面（GUI），而使用 Lab Windows/CVI 的用户界面库函数可以在程序中创建并控制 GUI。此外，Lab Windows/CVI 为 GUI 面板的设计准备了许多专业控件，如曲线图控件、带状图控件、表头、旋钮和指示灯等，以适应测控系统软件开发的需求，利用这些控件可以设计出专业的测控程序界面。

二、网络化测试仪器

总线式仪器、虚拟仪器等微机化仪器技术的应用，使组建集中和分布式测控系统变得更为容易。但集中测控越来越满足不了复杂、远程（异地）和范围较大的测控任务的需求，为此，组建网络化的测控系统就显得非常必要。近年来，以 Internet 为代表的网络技术的出现以及它与其他高新科技的相互结合，不仅已开始将智能互联网产品带入现代生活，而且也为测量与仪器技术带来了前所未有的发展空间和机遇，网络化测量技术与具备网络功能的新型仪器应运而生。

在网络化仪器环境条件下，被测对象可通过测试现场的普通仪器设备，将测得数据（信息）通过网络传输给异地的精密测量设备或高档次的微机化仪器去分析、处理；能实现测量信息的共享；可掌握网络节点处信息的实时变化的趋势；此外，也可通过具有网络传输功能的仪器将数据传至源端即现场。

在带来上述诸多好处的同时，采用网络测量技术、使用网络化仪器无疑能显著提高测量功效，有效降低监测、测控工作的人力和财力投入，缩短完成一些类型计量测试工作的周期，并将增强测量需求客户的满意程度。

基于 Web 的信息网络 Intranet 是目前企业内部信息网的主流。应用 Internet 的具有开放性的互联通信标准，使 Intranet 成为基于 TCP/IP 协议的开放系统，能方便地与外界连接，尤其是与 Internet 连接。借助 Internet 的相关技术，Intranet 给企业的经营和管理能带来极大便利，已被广泛应用于各个行业。Internet 也已开始对传统的测控系统产生越来越大的影响。目前，测控系统的设计思想明显受到计算机网络技术的影响，基于网络化、模块化、开放性等原则，测控网络由传统的集中模式转变为分布模式，成为具有开放性、可互操作性、分散性、网络化、智能化的测控系统。网络的节点上不仅有计算机、工作站，还有智能测控仪器仪表，测控网络将有与信息网络相似的体系结构和通信模型。比如目前测控系统中迅猛发展的现场总线，它的通信模型和 OSI 模型对应，将现场的智能仪表和装置作为节点，通过网络将节点连同控制室内的仪器仪表和控制装置联成有机的测控系统。测控网络的功能将远远大于系统中各独立个体功能的总和。结果是测控系统的功能显著增强，应用领域及范围明显扩大。

软件是网络化测试仪器开发的关键。UNIX、Windows NT、Windows 2000、Netware 等网络化计算机操作系统，现场总线，标准的计算机网络协议，如（OSI 的开放系统互联参考模型 RM、Internet 上使用的 TCP/IP 协议等，在开放性、稳定性、可靠性方面均有很大优势，采用它们很容易实现测控网络的体系结构。在开发软件方面，比如 NI 公司的 Lab VIEW 和 Lab Windows/CVI、HP 公司的 VEE、微软公司的 VB 和 VC 等，都有开发网络应用项目的工具包。

总之，随着计算机技术、网络通信技术的进步而不断拓展，以 PC 机和工作站为基础，通过组建网络来形（构）成实用的测控系统，提高生产效率和共享信息资源，已成为现代仪器仪表发展的方向。从某种意义上说，计算机和现代仪器仪表已相互包容，计算机网络也就是通用的仪器网络，继"计算机就是仪器"和"软件就是仪器"概念之后，"网络就是仪器"的概念确切地概括了仪器的网络化发展趋势。

（一）虚拟测试信息的获取

在物理制造系统中，最基本的测试信息是模拟信号，模拟信号通过测量传感器进入信号采集和处理系统，获得有关测量数据，并做进一步的分析、处理、评价和控制。而虚拟制造技术中涉及的都是数字化信息。因此，需要首先在虚拟环境中构造各种虚拟传感器（即数据传感器）和数据处理集成块软件。借助数据传感器和数据集成块软件，构造虚拟测试系统，在虚拟测试环境下，对虚拟产品和零部件进行"在线"或"离线"测试。虚拟测试系统与物理测试系统的显著不同是，物理测试系统在传感器配置、信号调理硬件电路设计、数据采集 A/D 和 D/A 转换等方面有大量工作要做，而虚拟测试系统则侧重于数字化建模。

产品或零件的质量特性和性能，是由产品全生命周期各个阶段的测试过程中识别基本参数信息并及时反馈、控制来保证的。进入虚拟制造领域，就必须在产品全生命周期各个阶段的虚拟测试中，识别虚拟测试基本参数信息。

在虚拟产品的"使用"过程中，既要考虑温度、作用力、重量、噪声、速度、加速度、电磁场及辐射场等环境因素的作用，又要考虑具体虚拟试验系统中这些环境变量因素的应用与否（单独作用或组合作用），即在虚拟测试（试验）中是否激活某些变量。

以虚拟球体自由回弹运动为例，球体具有形状、尺寸、重量、纹理、颜色等多种属性。在虚拟测试系统中，除了可以逼真地描述自由回弹运动过程外，还必须对运动中球体的应力、变形、形状、尺寸等的变化作出测试。在虚拟制造系统中，虚拟零件的形位精度、尺寸精度、表面粗糙度、应力分布以及虚拟产品的振动态、变形和失效等可以利用数据原型的各种属性加以仿真，实现可视化，此即虚拟测试。

在人机交互的仿真环境中，人由滞后的、被动的参与者变成了领先的、主动的参与者。人可以直接参与到数据原型中，构造虚拟测试系统，通过数据传感器感知产品在虚拟测试环境中的变化，并进行时间维的历史回溯或前景展望。

（二）建立虚拟测试系统的一般步骤

（1）建立模块化的理想虚拟测试对象，通过数学推导或采用逆向工程从工程实用数据中建立数学模型，以此作为虚拟测试对象的测试信息数据原型。

（2）建立适用于静态、动态和热态等不同状况的虚拟测试系统。例如，可在虚拟测试系统中模拟产品虚拟加工和虚拟使用过程中由线膨胀系数变化所引起的微量变形。

（3）构建虚拟传感器。虚拟传感器在虚拟测试中起沟通、转换和传输变量信息的作用。可以借鉴传统测试系统中物理传感器的功能作用，来构建虚拟传感器。构建时既要考虑温度、作用力、重量、长度、速度和加速度等数据变量，又要考虑具体虚拟测试系统中变量的应用与否，是否激活某些其他参量。虚拟传感器同样也可分为脉冲式、连续式和频率变化式。

（4）借助虚拟传感器和数据集成块软件构造虚拟测试系统。在虚拟测试环境以"在线"或"离线"方式，测试虚拟产品或零部件的动、静态参数。同时利用计算机强大的计算功能分析虚拟变形对产品装配质量和工作性能的影响，而不仅仅考虑零件形状、尺寸等误差所产生的干涉。

三、虚拟装配环境

在虚拟装配概念上，有些人认为在计算机环境下建立的数字化装配模型不是真实的物理模型，因而可以把它理解为虚拟装配，实际上这种虚拟装配不是真正虚拟现实意义上的装配。为了区分与虚拟现实环境下的装配，把这种装配称为电子装配或数字化装配。电子装配从系统支持的环境来说，一般的计算机配置加上相应的 CAD 软件就可以构成工作环境。例如现在流行的各种 CAD 软件，一般都有装配模块支持数字化装配设计。而虚拟装配则是指虚拟现实环境下的装配，它必须符合虚拟现实的特点并有特定的硬、软件的支持。与电子装配不同，它除了计算机的常用设备外，还包括三维鼠标、数据手套、液晶立体眼镜、头盔等特殊的输入输出设备。

虚拟环境中交互操作经常使用菜单，菜单是由 3D 图标构成。所谓 3D 图标是在屏幕上表示的一个具有立体感的图形命令显示图符。菜单的弹出是由用户根据需要用三维鼠标控制的。当需要弹出菜单时，用手按下一个功能键，伴随着声音的提示，在屏幕上虚拟手的附近出现一个三维菜单，此时，3D 鼠标的交互方式自动转换为菜单选择方式，从虚拟手中发出一道光束，用户手的移动带动光束的移动，最后光束停留在要选的菜单上，通过功能键执行相应的操作。

（一）虚拟装配的建模环境

产品是由装配件、子装配件、零件组成，设计模式不管是自顶向下的设计还是自底向上的设计，最终都要进行零件和装配建模。建模的过程离不开 CAD 技术的支持。虚拟装配按照 CAD 技术与虚拟技术的结合有两种工作方式。

（1）通用 CAD 系统加可视化分析工具（虚拟现实环境仅作为虚拟装配的可视化显示和操作）。

（2）基于虚拟现实的 CAD 系统（直接在虚拟现实环境下建立零件和装配模型）。

（二）通用 CAD 系统加可视化分析工具

通用 CAD 系统具有强大的功能，为产品的几何设计提供了非常方便的工具。用户可以首先用 CAD 软件建立三维对象模型，然后将该对象模型输入到虚拟环境中，进行可视化显示与分析。这种方法的优点是，可以充分利用现有 CAD 的软件工具和资源，对产品的零件进行几何形状设计。由于现有的 CAD 系统大多数具有参数化特征造型功能，支持产品的可修改，尽管 CAD 采用二维鼠标和键盘，但目前 CAD 软件仍是最快捷的造型和设计工具。另一个优点是它可以支持产品的自顶向下的设计，用户可以从概念设计开始，首先进行产品的结构设计，例如一个简单的写字台是由支架、桌面、抽屉组成，概念设计时用户只有桌子的基本结构并没有精确尺寸，当自顶向下设计时，经过逐步细化结构的各部分，可得到最终产品。最终形成的装配体是一个完整的写字台。在屏幕上可以看到写字台的产品模型。

一般来说，我们看到的装配体是一个静止的物体，它只能反映产品的结构、几何尺寸和各部分的相对位置，而不能反映产品的动态装配过程。动态装配过程的模拟有两种方法。

（1）采用计算机直接通过软件算法实现，例如经过一系列的坐标变换和图形显示的处理，产生一个装配动画过程，这个过程属于电子仿真装配。

（2）将 CAD 模型通过专用接口，转换成虚拟环境下所需的模型格式，然后通过虚拟环境的数据手套和头盔等工具，模仿装配过程，并在装配中进行装配干涉检查。

目前大多数虚拟装配系统都采用通用 CAD 系统加可视化分析工具的方法。采用这种方法，原有的设计资源可以充分利用，能够较快地适应设计工作。这种基于通用 CAD 系统加可视化分析工具的虚拟装配存在的问题如下：

（1）在 CAD 模型向虚拟模型的转换过程中，会导致实体拓扑关系和约束信息以及参数信息的丢失。

（2）不能直接对虚拟模型进行修改，对模型的修改必须要回到 CAD 环境进行，然后再将 CAD 模型输入到虚拟环境中进行重新验证。

（三）基于虚拟现实的 CAD 系统

在虚拟现实环境下，用户直接通过三维交互工具进行产品设计，建立产品的三维模型，并在此环境下实施对模型的修改。设计过程、修改过程、显示过程始终处于一个统一的虚拟环境下。这种方法的优点是：模型统一；可以直接使用设计数据；三维模型使用三维交互设备生成，使得设计工作自然协调，符合人机工程学的要求。由于在同一个环境下，不需要在 CAD 模型与虚拟环境之间进行数据转换。这种虚拟环境下的 CAD 系统称作基于虚拟现实的 CAD 系统。

目前这样的系统正在研究，尚未有商品化软件开发出来，问题在于：

（1）由于采用三维输入设备定位，而目前的三维输入设备精确定位还比较困难。在工程设计中，特别是在详细设计阶段，精确定位的操作是必须的。虚拟环境中缺少对虚拟对象的约束。在交互操作时，造成用户在进行三维设计时，难以对虚拟物体进行准确的定位和操作。一般借助于三维导航工具和设计约束改善这种操作。

（2）缺少高层次的造型软件和复杂有效的设计修改工具。由于存在原有的 CAD 造型系统二维输入设备与虚拟环境的三维输入设备的差别，导致输入信息的处理方式差异较大，不能利用已有的 CAD 软件，必须开发新的适合虚拟环境和输入设备的软件，这就涉及系统的结构、建模方式、数据结构等。而目前已有的大多数基于虚拟现实环境的 CAD 系统正处于研究阶段，零件模型主要建立在低层次的信息基础上，缺少高层次的描述信息和手段。

第三节　虚拟装配建模及规划

虚拟装配是在虚拟现实环境下仿真装配过程的一项高新技术。虚拟装配系统允许设计人员考虑可行的装配序列，自动生成装配规划。虚拟装配系统包括虚拟装配环境、虚拟零件设计、装配工艺规划、工作面布局、装配操作模拟等。

虚拟装配既可看作是虚拟设计的组成部分，为面向装配的设计（DFA）提供手段，又可看作是装配规划的技术保证与仿真实现环境。虚拟设计是以"虚拟现实"技术为基础，以机械产品为对象的设计手段。借助这样的手段，设计人员可以通过多种传感器与多维的信息环境（视觉、听觉、触觉及声音、手势等）进行自然地交互，完成设计工作。虚拟现实技术和产品设计的结合不仅可以帮助人们进行图形处理、产品预装配，而且可以帮助人们进行创新设计。它可以将设计人员从键盘和鼠标上解脱出来，与设计对象进行更自然和更直观地交互。

虚拟现实技术与 CAD 技术的结合为工程设计领域带来了全新的环境。在虚拟环境下的设计和装配可以充分利用虚拟环境特有的操作自然、模拟环境真实、可视感强的优点，使设计人员在设计过程中，模拟真实环境进行操作，发现设计中的问题。在并行工程的思想指导下，采用虚拟装配可以真正在产品设计阶段就考虑制造装配环节的影响，通过虚拟装配发现设计过程中产品的问题，从产品整体考虑设计是否需要更改，产品的可装配性如何，同时还可直接观察装配的动态过程。

虚拟装配设计采用虚拟现实技术，具有直观的三维可视化界面，能够清晰地表达产品的设计概念，摆脱对实物样件的依赖，设计人员可以通过对虚拟模型的分析、评价和修改，最后完成产品的定型，并最终指导生产过程的装配。

虚拟现实环境下的虚拟装配，必须符合虚拟现实的三个特点（沉浸感、交互性、想象力），并有特定的硬件及软件的支持。与数字化装配不同，它除了计算机的常用设备外，还包括三维鼠标、数据手套、液晶立体眼镜、头盔等特殊的输入输出设备。

在虚拟装配中，可以用一只手或两只手操作三维鼠标或佩戴数据手套。当鼠标移动时，两个与左右鼠标分别对应的手模型显示在屏幕上，对应于人的左右手，这两个三维鼠标的功能完全相同。每个鼠标上有一些功能按钮，用户可以通过这些按钮，进行基本的交互操作，如弹出菜单、"抓握"虚拟物体、"释放"虚拟物体等，同时这些按钮还可以产生深度感觉，将虚拟场景拉近或推远。输出设备是头盔，提供三维真实感图形显示效果，戴上头盔，用户可以看到模拟的真实场景。

一、虚拟环境下的装配建模

虚拟环境要求有很好的逼真性，因此对虚拟装配模型提出了更高的要求：①装配模型的信息高度集成；②装配模型的结构表达便于信息的高度提取；③由于虚拟环境是现实世界的真实映射，对装配体的物理特性信息有特别的要求。

目前，虚拟环境下模型的表示方法有以下几种：

（1）分层次的零件信息表达。将 CAD 系统中的零件设计信息以中性文件的形式进行存储，然后在虚拟环境中通过读取中性文件来获得零件的设计信息。刘振宇等人通过研究将零件信息分为零件层、特征层、几何层及显示层，并通过数据映射与约束映射，实现零件信息的层次间关联。分层次的零件信息模型在满足 VR 交互实时性的同时，保存了 CAD 信息的完整性，并有利于建模过程中根据不同的任务对不同层次的零件进行操作。

其中的零件层以零件为基本节点，零件节点信息包括零件的标识、名称、形状包围盒、物理属性、运动属性、方位属性、显示属性。零件层中零件间设计生产设计的关联体现为各属性参数间的约束关系。特征层以特征为基本节点，特征节点描述的信息包括特征的类型、特征的方位及特征的参数。特征节点间设计生产设计的关系主要体现为特征间设计生产设计的父子关系与约束关系。几何层以面为基本节点，面的节点信息包括该面的 NURBS 曲面描述以及组成该面的环、边、点等边界信息。显示层以三角形小面片为基本节点，记录了组成零件的各小面的顶点坐标、顶点法矢、面片颜色及纹理信息。显示层数据主要用于虚拟环境中模型的显示控制与装配过程中的碰撞检测。

（2）使用装配树结构。由于普通的装配树结构仅能表达装配层次信息，而如拓扑信息、约束信息等很多有用的信息却无法表示出来。因此从使信息更加全面、提高信息的搜索效率方面对模型加以改进，增加装配体部件的标识，增加上层装配体同下层成员的联系，在结构表达中，装配体的组成成员以链表的形式记录便于增加和删除，改进装配体约束信息的存储结构。基于装配体的树状模型，在成员节点上增加装配体的约束信息，同样以链的形式加以存储，从装配体的第一层每一个成员都指向与自身定位相关的装配约束链表，在约束链表中，每一个节点包含一个地址域，该地址指向与头节点成员发生约束关系的同层其他成员节点。最后增加装配体的拓扑关系信息，由于装配工艺路径规划和公差分析都以拓扑信息为操作对象，因此每一个装配体的结构又能引出组成部件的连接拓扑信息。

而要在一个虚拟环境中规划出符合实际要求的装配序列和路径，不仅要考虑装配体零件的几何特性，还要考虑到产品的物理属性。一般而言，装配体的物理属性可分为两类：一类是基本物性，它是指装配体最基本的属性而且一般在工程设计中不再进行分解，如密度、体积、重心位置、硬度、材质等，它们的值在几何建模时就可以确定；另一类是二次物性，一般由基本物性和装配体几何信息共同推导出的属性，如质量、惯性矩、惯性张量、摩擦系数等，这些信息对于以物性分析为主要特征的虚拟装配设计尤为重要。关键问题是如何在装配树结构上加入物性信息。

由于现实世界中的装配体的复杂程度难以估计，如果每个零件均携带物性结构信息，则会造成加入装配体的树状结构的规模庞大，不便于存取、操作。另外，并非每个零件的物性信息在装配规划中都会被利用，而且在装配体中还存在大量被重复使用的零件，它们的物性完全相同，因此没有必要把信息种类和信息量均很丰富的物性特征完全加入到整个装配体结构，可采用一种动态存储机制。即在系统中建立一个统一的基本物性库，主要记录装配体的基本物性。

在虚拟装配环境下获取产品装配关系主要有两种途径，一种是由设计者交互指定装配体中零件间的装配关系。首先指定待装配零件与已装配零件中的几何体素或称之为目标实体，然后指定待装配零件与目标实体之间的装配关系。如果待装配零件的数量比较大，那么设计者的交互设计工作量将会十分庞大。另一种是由系统自动识别零件间的关系，即系统根据设计者的交互操作，实时地捕捉设计者的装配意图，达到能够识别并建立零件间的装配关系。目前实现装配关系自动识别的方法有 Fa 等人提出的基于直接三维操作和约束的实体造型方法，它通过几何约束自动识别与允许运动推理来实现装配操作的精确定位。另外还有刘振宇等提出的基于装配语义的方法，根据装配语义蕴含的装配配合关系、装配层次关系、装配动作、装配顺序、装配规则与装配参数等信息引导几何约束识别，能有效地提高几何约束识别的效率与准确性。

二、虚拟零件建模

零件是构成产品的基本单元，结构上是不可再分的。装配模型需要装配体中每个零件的信息，因为这些信息构成了装配几何定位的对象。例如，一个螺钉与螺母装配到一起，那么螺钉与螺母的模型必须构造出来。

传统 CAD 系统的造型方法已经比较成熟，如常用的曲面模型、实体模型以及在此基础上的特征模型。曲面模型主要处理自由曲面并和实体模型结合生成复杂的曲面实体模型。实体模型和特征模型更适合于规则零件的设计。在 CAD 系统中，表示零件的模型都含有拓扑和几何信息。拓扑信息表示物体的几何连接关系，而几何信息表示物体的点、边、面的信息。例如一个正方体的 8 个顶点、6 个面、12 条边的定义属于几何信息；面上 8 个点构成一个凸八边形，将这 8 个点中任意两个点之间连接一条线段，属于拓扑信息。操作过程中增加一条边或减少一条边，都会影响几何与拓扑信息。

在高层特征定义中，零件生成过程则是以特征形式表示的，即以工程术语定义实体操作，例如上例中的零件由 2 个特征表示：块

（Block）和孔（Hole）。零件的具体定义参数值（边长、孔深、孔径、块的位置等）隐含在特征信息里。用户不必关心其几何概念：正方体和圆柱体以及它们之间的"差"操作，只要告诉系统造一个块并在某个位置打孔即可。零件构造过程可以以特征树的形式表示。这种特征表示方法结构清晰，从特征树中可以了解零件的生成过程，从特征参数中查询零件的尺寸值，并且参数是可修改的。用户不必关心零件在计算机内部的表示形式。所以特征造型是目前工程界广泛使用的造型方法。

在虚拟现实环境中进行实体造型的关键问题是模型表示。虚拟现实系统大多数采用多边形网格模型，即用三角面逼近它所表示的物体，这种模型显示速度快，便于虚拟环境的场景显示，但多边形表示的物体不适合 CAD 应用的要求，它缺乏几何与拓扑信息，因此有些研究者提出了简单基本体素的模型表示方法，如圆柱体、球等简单物体。在构造时它作为简单特征，自身带有尺寸值，作为默认的参数。这种表示方法具有一定的可修改性。尺寸值可以作为特征的属性，用户在交互操作中可以修改属性，达到修改零件的目的。

（一）基于约束的虚拟模型的层次表示

虚拟模型是用来支持零件建模和装配建模的。它既有高层建模的特征语义，又有具体的实体模型定义。通常装配由零件组成，零件由特征构成，特征由特征元素定义。虚拟零件的装配，最终的装配约束也是建立在特征元素上，例如面的配合、轴的对齐等。虚拟零件的设计，最终的形状控制也是针对特征元素，如两个面的平行约束、面之间的距离约束等。所以特征元素是虚拟模型最基本的组成单元，它代表了参与操作的几何元素，例如一个面、一条线等。虚拟模型可以采用层次结构表示它们之间的约束关系，将约束信息分布在不同的对象层次上，为实现虚拟零件设计和虚拟装配提供了方便。如图 8-2 所示。

例如构造一个零件，需要 3 个特征：块、槽、孔，在基座块上开一个槽，在槽上打一个孔，块的特征元素为它的 6 个面，上下、左右、前后面分别平行，且用距离控制，与相邻面垂直等，称为特征内的特

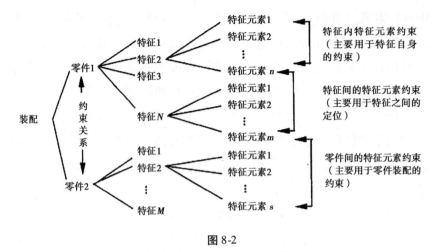

图 8-2

征元素约束关系；又如槽特征与块特征之间的位置约束，称为特征间的特征元素约束；如果是零件间的装配约束，对应的特征元素称为零件间的特征元素约束。

（二）基于约束的三维操作

虚拟零件设计和虚拟装配需要用户与系统不断地交互，进行几何元素的准确定位。在工程设计中，零件、装配都是需要精确尺寸约束的，例如一个圆柱体的高度和直径。虚拟现实系统由于精确定位较困难，需要采用一些辅助方法实现精确定位。

在传统 CAD 系统中，精确定位借助于鼠标操作功能，或者借助于特征参数化功能。鼠标操作功能采用的是设定网格和对象捕捉技术。基本原理是：在一定精度的条件下，设定矩形网格，光标落在网格附近，就被"吸附"到网格点上；光标落在对象附近，就被"吸附"到对象上。特征参数化功能则是以草图及基本特征为粗略尺寸，通过修改参数，得到精确的图形或几何模型。

同样，虚拟系统也可以利用上述原理进行处理。例如构造一个圆柱体，它已是一个基本特征，通过"手"的移动可将其定位在最近的网格点上，修改圆柱体的高度，可以用"手"移动特征元素（上、下表面）得到所需要的高度，也可以通过输入参数值修改高度。除此之外，可以采用基于约束的方法，进行交互和对象的操作。

基于约束的操作伴随着一个约束识别过程和一个约束满足过程。一旦一个约束被识别出来，经用户确认后，就通过执行相应对象的可允许动作满足该约束。这个约束进一步限制了对象的动作，得到新的可允许动作。用对象的可允许动作约束三维鼠标的动作即得到基于约束的操作。这里根据对象的约束与剩余自由度对应的关系，来确定对象的可允许动作操作。对象的剩余自由度，是指给对象施加某个约束后，对象还能够自由运动的那些操作，对象的可允许动作只能从剩余自由度允许的范围和方式动作，并保持已有的约束。例如，当一个小圆柱体放置在一个大圆柱体上时，如图 8-3 所示。

两个圆柱体的接触面约束了小圆柱体不能有 Y 方向的移动，只能有 X、Z 方向的移动和绕接触面的法矢旋转操作。当移动小圆柱并定位在大圆柱的轴线上时，进一步的可允许动作是仅能围绕轴线旋转。每一步的可允许动作就是利用约束和剩余自由度确定的。

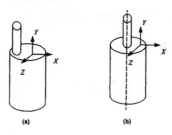

图 8-3

在虚拟设计系统中，设计人员置身于虚拟现实环境中，还可以利用语音命令创建三维物体。基本工作原理是系统根据操作者的命令，创建一个三维形体（带有系统默认参数），根据需要在其上添加不同的特征或属性，用户可以设定零件的尺寸、方向、位置。对于复杂虚拟零件的模型表示方法目前仍在研究中。

（三）人工干预的装配序列生成方法

装配序列规划的设计很大程度上依赖于人的知识和经验。虽然 CAD 设计工具的使用带动了自动装配序列规划技术的发展，但是装配序列规划的算法本身还是不能满足要求。例如使用设计数据及约束条件产生装配序列。而在实际应用中，自动装配规划中很难捕捉所有的约束。因此，基于询问方式的交互技术被提出，即用户通过交互操作判断某种装配序列的可行性。一种装配序列规划器是利用用户提供的信息来选择最好的装配序列。另外一种规划器是将自动计算和用户回答询问的方式混合起来，以确认最合理的装配序列。在虚拟装配系统中，工程师将由自动装配序列生成器产生的可行的装配序列反复进行验证，判断是否发生干涉，以便进行设计更改。

图8-4是装配序列规划的过程图，产品设计信息是系统的初始化输入，对于实际的产品装配设计工作，来自设计阶段的 CAD 模型包含了各零部件间的层次、结构信息，完整的零部件装配约束信息等。产品结构模型利用装配结构树将这些信息有效地组织起来。装配结构树从结构和层次上把装配体划分开，同时附加有关的装配信息，并且把子装配体间的装配约束关系和内部的装配约束关系区分开来。这些信

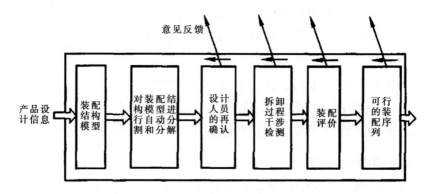

图 8-4

息对装配序列生成过程的推理是非常有用的。

在对装配结构模型进行自动分割和拆解时，要利用推理规则进行推理，以便确定装配的优先序列。

在对装配约束进行推理时，要遵循下面的推理规则：

（1）层次性规则：在装配体的结构模型中，属于某一级子装配体内部的次一级子装配体之间的装配约束关系的装配优先序列低于该子装配体与外部的子装配体之间的装配约束关系的优先级。优先级高的装配连接关系在装配体拆卸设计中应当先拆卸。

（2）关联性规则：由于只涉及零部件间的装配拆卸顺序，因此相同两个零件间的多个装配连接关系的优先关系可以不进行区分。

（3）独立性规则：当某个子装配体与另一个子装配体的装配连接

关系完全拆掉了之后，两个子装配体各自的拆卸过程就不再发生关联，即相互独立。

（4）基准件规则：在装配体或子装配体中用作定位基准的零部件只能位于装配分拆操作过程的最后位置。

（5）等概率规则：对于系统不能依据其他规则明确判断出的几个装配连接关系之间的优先关系，应按照等概率计算它们之间的优先关系，即任一装配关系 A 优先于另一装配关系 B 的概率与 B 优先于 A 的概率相等。

（6）规则集的扩展：对于特定类型的装配体，它们的装配工艺会有一些经验性的或者专门的规则，如对于齿轮轴必须按照轴线方向依次拆除等。此时将这些规则预先加入，会大大减少自动推理机输出的不可行装配序列数目。

对装配结构模型的自动分割和拆解，目的是确定所有装配优先关系和搜索出在装配优先关系下的装配（拆卸）顺序。因为装配规划问题实质上是对装配体结构设计内在的几何约束的分析、提取和满足过程，当这种约束条件都被明确描述和表达之后，规划问题就转变成一个特定的条件下的路径搜索问题了。

系统对装配优先关系的自动识别是按照一定的规则来进行的。这些规则已在规则集中设计好了。系统按照确定的算法来搜索整个装配结构树，进而获得所有装配优先关系。在推理过程中，层次性规则是最基本的。实际的工作中，对大多数装配连接关系的装配优先级的确认，都依据这条规则，通过遍历装配体的装配树就可以实现。而由于系统对少数的装配连接关系误判而产生的装配序列可以在后面通过设计人员对优先关系树的再确认而消除。

在全部的装配连接优先关系获得以后，装配体拆卸过程就是一个对所有的装配连接关系按照由高级到低级的顺序依次移出的过程。

这时的独立性规则发挥着重要作用，在某个子装配体与其他子装配体的装配连接关系完全拆除之后，该子装配体的拆卸顺序只需操作自己包含的零部件即可。很明显这里体现了装配并行度的思想。基准件准则也发挥着重要作用。在一系列的装配顺序通过上述规则获得以后，由于在本装配体或子装配体中只能处于这一系列拆卸顺序的最后，因此，使用该规则对产生的所有装配序列进行一次搜索，排除所有违反规则的序列，可以大大减少其中不可能的装配序列。

装配设计工作是一个基于知识和经验的过程，在目前的技术水平下，设计人员对系统自动推理结果的再确认是必不可少的，因为需要排除自动推理结果的错误。通过设计人员的介入，选出有限的装配序列进行装配过程的干涉检查，即可获得几何上可行的产品装配序列。

三、基于 VMAP 的装配路径规划方法

装配路径规划流程图如图 8-5 所示。

这里将静止的零件或子装配体称为固定零件，装配（拆卸）的零件称为自由零件。前置处理部分对输入数据进行处理，包括固定零件和自由零件模型、零件

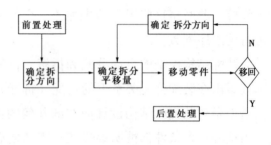

图 8-5

的配合条件及相关的全局变换矩阵。该算法通过将零件从装配体上依次拆去得到装配路径。首先将零件从装配体中分离出来，其分离方向依据自由零件配合面的单位法矢来计算。根据装配体假设，零件在初始位置处任意旋转而不与已装配体发生干涉，可得出零件与装配体分离的条件是：零件沿某个方向做无限平移而不与装配体发生干涉。为了有效分离，必须确定分离的平移量，将当前的变换矩阵应用于自由零件，即单步分解。然后进行干涉检查，以确定零件是否可以由当前位置直接变换到目标位置（即实际装配中的初始位置）。当检测到有干涉时，必须将分离过程进一步细化，重新计算拆分方向，得到新的变换矩阵，再计算平移距离，重复上述过程，直到自由零件可以无干涉地变换到装配初始位置。此时表明该零件可以按照分解序列依次由装配体上拆下至初始位置。最后，将拆分序列逆转，即为该零件的装配路径序列。

在制造过程中，机械零部件的加工精度检测以及加工质量趋势的分析、预测和控制对于保证产品质量起着极其重要的作用。只有使虚拟制造系统具备加工质量虚拟检测和加工质量预测控制功能，才能使虚拟检测更好地为改进虚拟加工工艺过程服务，才能实现真正意义上的虚拟制造。

物理加工设备和检测仪器设备是物理制造系统中最基本的构成环节，由于各自的技术特点和要求不同，在绝大多数情况下，检测单元与加工单元是分开的，只有很少一部分加工设备具有在线（或在机）检测环节，如数控加工中心上附带的三坐标测量头等。但是，作为虚拟制造系统中的基本组件，虚拟检测单元和虚拟加工单元的一体化不但技术上可行，而且非常必要。

虚拟加工检测单元是物理检测单元在虚拟环境下的映射。虚拟加工检测一体化单元不但能实现虚拟加工，而且能对加工出来的虚拟产品进行虚拟检测。通过虚拟加工检测一体化系统，可以代替新产品的试制过程，缩短开发周期，还可以在虚拟检测的基础上进行虚拟加工质量预测，实现加工误差的软件补偿，提高加工精度。

连接虚拟加工单元和虚拟检测单元的中介是包含加工误差的虚拟工件。为了追求理想、逼真的拟实效果，应当使虚拟工件具备真实物理工件的所有质量特征。为满足 CAD/CAM 技术快速发展的需要，先后出现了许多三维几何实体及其特性的建模和描述方法，但是，根据这些方法建立的工件模型往往难以反映和描述工件的加工误差特性。因此，包含加工误差的虚拟工件的建模是实现虚拟加工、虚拟检测及其一体化的关键。首先应当考虑虚拟工件单项加工误差的建模问题，进而解决虚拟加工过程的加工误差的分析、融合及合成。

美国西北大学（Northwestern University）等 8 所大学在美国国家自然科学基金会的资助下，已开展了 AMRI-MT 计划的研究，重点研究虚拟机床中各种加工误差的建模问题。姚英学提出了面向加工质量预测的虚拟加工检测单元的概念、体系结构及虚拟数控车床原型系统。

该系统不仅可以实现机床和坐标测量机的外形、运动过程的仿真，能模拟机床和坐标测量机的运动、刀具和测头的运动轨迹，进行 NC

代码验证，而且还可以在 NC 代码驱动下实现虚拟加工和测量过程。根据数控机床和坐标测量机的运动及动态特性模型、切削过程及切削力模型以及加工误差模型（包括运动误差模型、热变形模型等），进行切削及测量过程仿真，并在此模型基础上，对虚拟加工过程中虚拟产品加工质量，包括尺寸误差、形位误差、表面粗糙度及加工周期、加工成本等，进行虚拟检测和预测预报。

第九章 虚拟制造系统及虚拟产品开发实例

虚拟制造的研究涉及多个学科领域，如 CAD/CAM 技术、计算机图形学、虚拟现实技术、仿真技术、信息网络技术、计算机集成制造技术、加工制造技术及人工智能技术等。随着这些技术的发展，虚拟制造技术的研究也跨入了一个新的阶段。它已经成为跨越学科和专业、融合各种先进技术为一体的现代制造支撑技术之一。

虚拟制造与其他先进制造技术并行发展，计算机集成制造、敏捷制造、并行工程、精益生产、绿色制造、智能制造等都在不同程度上与虚拟制造有着密切的关系并互相促进和影响。上述新的制造模式和技术虽然现在还不尽完善，但已显示出其强大的生命力和对制造业的巨大影响。

在系统方面，论述了虚拟制造系统的基本概念、虚拟制造系统的体系结构和建模方法以及基于 Agent 的虚拟柔性制造系统。在实现方法上，论述了虚拟制造系统的建模语言、虚拟现实技术、现代产品设计方法、虚拟装配、加工过程仿真、虚拟测试等，并给出了若干虚拟制造系统的实例。

第一节 虚拟制造系统应用实例

国内外用于虚拟制造的实例系统包括：Virtual Works 和 Open-Virtual Works 系统、全生命周期设计虚拟试验平台 CSAT 系统、设计制造虚拟环境 VEDAM 系统、虚拟装配系统 VADE、数控铣床虚拟培训系统 VRTS 和用于微机械的快速成型系统。

一、Virtual Work 系统

Virtual Work 系统是基于 SUN 工作站的虚拟制造系统。系统组成

如图 9-1 所示。

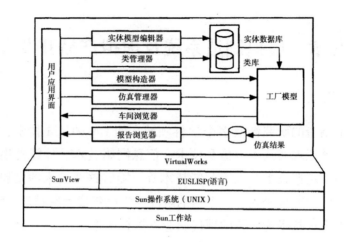

图 9-1

系统支持三维工厂模型的构建和仿真。工厂的每一构件都用面向对象技术定义，利用实体数据库和类库，由模型构造器生成各种设备和材料模型及其原始数值，并确定它们在工厂中的位置。

仿真过程用固定时间间隔的时间驱动法控制，每个对象接到来自仿真时钟的信号后，对程序区的命令进行解释，然后执行相应的动作。制造活动建模和仿真用 ActiveBlocks 模块实现，ActiveBlocks 模块的功能结构如图 9-2 所示。

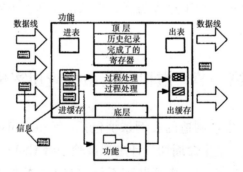

图 9-2

用户可以定义制造功能的递阶结构，每项功能包含一组"过程"，当启动条件满足后，过程被自动触发以处理输入数据并产生输出数据。各过程都有一定的处理时间，处理时间结束后，过程停止。在 Aetive-

Blocks 模块中，每项功能所处理的信息也当成一个建模对象处理。它由模板（Form）、内容和处理历程组成。

时间信息管理器（TIM）是 Virtual Works 的另一个重要模块。在制造过程中很多活动都与时间有关，例如机械动作的启动与结束、过程仿真、调度规划与管理。时间描述也有多种形式，例如可以用某时间点或时间段描述；也可以用绝对值或相对值描述；可以是定量描述也可以是定性描述（如某事件之前）；等等。为此，系统专门开发了时间信息管理器，用于处理各种时间信息，其中包括数字值、范围值、定性关系，定量约束等。

二、Open-Virtual Works 系统

Open-Virtual Works 系统是 Virtual Works 系统的发展，是基于分布式处理的开放式虚拟制造系统、其主要特点如下：

（1）采用多 CPU 实时处理，提高了系统响应时间。

（2）对网上的模型对象和仿真资源实行统一管理。

（3）具有集成的应用程序界面，以利用现有的软件资源。

（4）具有与真实世界的接口，可以与车间的真实机器、仪器相连。

（5）具有用户的虚拟现实接口。

由此可见，Open-Virtual Works 是一个虚拟物理系统的集成软件环境，系统的关键是分布式仿真管理模块（Distributed Simulation Management，DSM），其主要功能如图 9-3 所示。

CSAT 系统是由美国马里兰大学机械工程系研制开发的模块式结构的开放系统，支持自动化制造工厂和设备的全生命周期设计，称为虚拟试验平台（Virtual Testbed）。

全生命周期设计包括设备布局设计、计算机仿真、在线系统故障诊断、维修和培训。

三、虚拟试验平台的系统结构

CSAT 是一个开放的体系结构，它以递阶实时控制系统（HRCS，

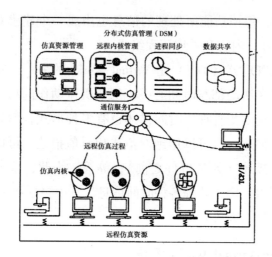

图 9-3

Hierarchical Real-Time Control System）方法为基础，使大规模系统的开发实现模块化和柔性，而且可以利用"任务分解"原则降低系统的复杂性，并进而使复杂大系统的软件维护变得容易。

（一）CSAT 系统模块

CSAT 系统具有控制、仿真、用户界面、分析引擎和 3D 动画 5 个模块，如图 9-4 所示。各模块独立开发并最后集成，模块间通过共享数据库进行通信。

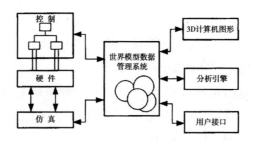

图 9-4

1. 控制模块

控制模块是自动化系统的决策和操作控制核心，采用递阶实时控制的思路，按照任务分解原则进行设计。它是一个实时的简化的系统控制器，可以与器件仿真器或环境仿真器相耦合执行高保真仿真任务。

2. 实时仿真模块

对一个大型系统来说，传统的仿真建模方法常常由于过于简化而使仿真结果偏离实际系统，为了评价并改进设计系统的性能，需要高保真的仿真。当前面向工程的仿真软件如 SLAM Ⅱ、Witness，AUTO-MA 等就是针对大系统来建模的，但它们的数据可视化性能很差，且运行速度较慢。而递阶实时控制系统方法可以为全生命周期工程提供一种好的方法，并可解决上面的问题。

CSAT 系统的实时仿真模块包括器件仿真器和环境仿真器两部分。器件仿真器有两个功能：①模拟真实器件在输入命令后的操作；②提供相应的反馈信号，仿真器接到控制模块来的命令后，驱动各种执行器，如电机、阀门、机器等器件，并计算出相应的反馈信号数值，例如编码器、电位器、应变计的读数和光电池状态以及机器的特征输出等，反馈给控制模块。

环境仿真器将执行器的动作和环境中被处理材料的物理特性结合起来，以模拟工件的实际效果。

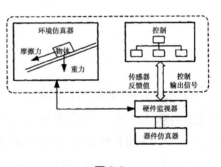

图 9-5

例如传送带的环境仿真过程，如图 9-5 所示，当输入/输出装置、传送装置启动后，环境仿真器要计算出材料在传送带上移动的位置，因此环境仿真器要具有摩擦力和重力的模型。

在控制系统安装调试完成后，环境仿真模块仍保留在系统中，作为系统操作的实时监控器。当硬件系统运行时，控制系统可将预测的行为模式与实际运行模式进行对比，从而发现故障状态和失效部件。

3. 计算机图像模块

图像模块的任务是将大量的数据以直观的图形方式表现出来，这样就可以在任何时刻知道系统的运行状态。在系统中，数据从控制模块交换到图像模块，生成 3D 图像的精确模型。仿真过程中，通过与控制模块的高速数据交换，将电机转角、工件位置和相应时间等数据传送到动画模块。应用这些数据，动画模块可以移动或改变 3D 图形及视角，并将虚拟操作系统显示在操作者面前。

4. 用户接口模块

用户接口模块便于用户和虚拟世界的交流，为操作者向控制器模块发布控制命令提供了便利。而且，通过改变命令，控制仿真器用来测试系统在重负荷下的反应性能，还可通过重新或有选择性地移动虚拟世界的视点来控制动画。

5. 分析引擎模块

分析引擎通过世界模型数据管理系统（DBMS）与另外 4 个模块进行通讯。它包括一些工程知识，如设计规则、参数、成本、能源、管道网、工厂结构，以及个人数据文件等。分析引擎对控制模块和仿真模块进行实时处理，以得到它们的结果数据。操作接口模块发出命令进行分析，分析结果由世界模型数据管理系统进行发布，并且在用户接口模块或图像模块进行显示。

（二）系统支持工程

对于全生命周期设计系统来说，其成功与否和系统的支持工程是否完善有很大关系。所谓系统支持工程主要指故障监测、维修与培训能力。一个好的系统应具有监测能力，可以检测或预测系统故障，以监测系统行为，而且还应具有在线维修功能，可以提供基本的维修程序和备件信息；同时系统还应提供针对操作者的培训工具。

CSAT 系统中仿真模块作为实时系统预报器，在系统仿真完成后继续保留在系统中，以监视系统的运行。系统用 3 种方式监测系统故障。

（1）监测实际硬件的控制变量、传感数据和状态变量，并将状态数据与仿真器仿真结果数据进行比较，若发现与器件仿真器预测的行为模式不同，则判断执行器处于故障状态。

（2）在仿真器运行时，计算并记录下每条命令的最大执行时间和平均执行时间，将这些数据与实际执行时间对比以确定系统的工作状态。

（3）创建专用规则或约束。

应用实例：该系统已应用于通用邮政设备设计分析（GMF）、虚拟齿轮工厂设计及高速公路设计。

四、VEDAM 系统

（一）设计制造虚拟环境 VEDAM 系统组成

VEDAM（Virtual Environment of Design And Manufacturing）系统包括 4 个子环境，即机器建模环境 MME、虚拟设计环境 VDE、虚拟装配环境 VAE 和虚拟制造环境 VME。系统与参数化 CAD/CAM（Pro/Engineer 或 Master Series）相连，其他 3 个子环境通过数据集成器与 CAD 系统实现双向数据交换，如图 9-6 所示。

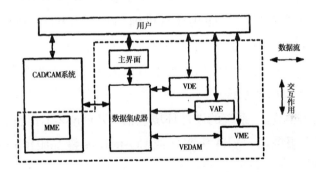

图 9-6

（1）机器建模环境 MME 提供工厂设备（例如铣床、车床等）的建模工具，其中包括设备几何建模和功能建模。机器建模环境是非沉浸性环境，嵌入到 CAD 系统中。它可以通过 Pro/Develop 或 Master Series 的 Open Architecture 等工具来实现。

（2）虚拟设计环境 VDE 用于辅助在 3D 环境中零件的概念设计。在 CAD 中生成的零件模型，可无缝传送到虚拟设计环境进行分析，将优化后设计参数再送回 CAD 系统，参数改变过程在设计环境中可自动显示。

（3）虚拟装配环境 VAE 用于将装配体分解成零件。在 VAE 中，可直接操纵零件装配成最终的部件或装配体，用来研究装配操作、分解和装配规划。

（4）虚拟制造环境 VME 主要用于数控加工校验。在生成零件数控加工代码后，利用机器建模环境创建的数控机床校验机床功能、夹具配置和数控代码。用户通过 VR 硬件与机床交互。

（二）系统实现

系统是采用面向对象分析和设计方法用 C++语言实现的，虚拟制造环境包括 1 台铣床、1 台车床和 1 台水切割加工机床，机床采用 X、Y、Z 三轴联动，浮点控制。虚拟现实硬件包括 VR4 头盔、CyberGlove 数据手套、Flock of Birds 跟踪装置。

五、数控铣床虚拟培训系统 VRTS

将虚拟现实技术与智能化计算机辅助培训（Intelligent Computer-Aided Training，ICAT）结合可使被培训者通过图像、声音等多种形式提取环境信息，提高培训效果。香港科技大学工业工程系开发了增强型数控铣床虚拟培训系统。

（1）系统配置。系统的硬件环境包括 SGI Onyxz 工作站、Acoustetron Ⅱ 3D 声音服务器、VR4 头盔（或 CrystalEyes 液晶眼镜）和 Fastrak 位置跟踪器。

（2）系统主要功能。系统除产生数控铣床 VR 模型，实现 X、Y、Z 三轴控制运动外，还可产生三维声响，并对材料去除过程、探头校验和紧急停车进行仿真，给用户一种真实感受。

三维声音效果是由 WTK 7.0 提供的 API 应用程序通过 3D 声音服务器实现的，Acoustetron Ⅱ 可将任一声音输入，根据听者的位置产生相应左、右耳的输入，实现声源的实时空间化。3D 声音服务器系统可由任一客户计算机按指定的通信协议实现控制，未指定通信协议时按 RS232 串行方式连接。该培训系统事先将相关声音（按钮声、坐标轴移动声、主轴启动声、钻孔声、铣削声等）事先录制成声音格式文件存在于声音服务器中。在工作时，将声音文件装入系统，然后设定声源的音量和位置，并选定听者位置，通常听者位置与场景的视点相同。

在 WTK 中有专门的功能函数，可以将声音附在各种对象上，例如加在某个按钮或工作台上，这样当压下按钮或工作台运动时，就产生某种声音，当听者位置变动时，声音也发生相应变化。

培训系统中设置了虚拟测头，以进行工件找正培训。用户按动"Z/D"按钮时，工作台向上运动。当工件上表面与测头接触后，发出指示信号，测头红灯亮，这时将工件位置设置为 Z 向零点。

对培训系统来说，紧急处理训练是十分重要的内容，在实际铣床上的最明显和最容易操作的位置上都布置了紧急停车按钮。培训系统也设置了紧急停车按钮，当按下该按钮时，立即取消所有正在处理的任务，包括虚拟机床的操作、鼠标以及数据手套的碰撞检测、3D 声音等都立即停止。

六、VADE 系统和应用

虚拟装配是指应用计算机工具，通过分析、预测产品模型，对产品进行数据描述和可视化，作出与装配有关的工程决策，而不需要实物产品模型作支持。虚拟装配是虚拟制造中的一个关键部分。

VADE（Virtual Assembly Design Environment，虚拟装配环境）是美国华盛顿州立大学开发的一个虚拟装配设计系统。该系统由虚拟现实的硬件设备和软件系统组成。

（1）系统配置。VADE 系统由工作站、头盔、数据手套、触觉反馈装置等组成，如图 9-7 所示。头盔采用 Virtual Research 公司的 VR4，也可采用自制的 CRT 显示头盔，显示器采用 Tektronix EX 100HD 型 25.4 Hun 的 CRT 显示器，分辨率为 1100×600，位置跟踪器采用大量程的 Flock of Birds 系统。触觉反馈装置采用 TacTools 系统，由装在手指尖的形状记忆合金提供触觉反馈。

系统软件最初是用 Open GL 图形库开发的，第二代 VADE 系统是采用高性能图形库 IRIS Performer 设计的。

（2）原型系统工作过程。原型系统由美国 ISR（Isothermal System Research）开发，首先在 CAD 系统（Pro/Engineer）生成装配零件，然后将零件模型以 SLT 格式数据文件传递送到 VADE 系统。在虚拟环

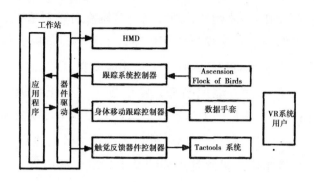

图 9-7

境下，采用 Open GL 的显示表（Display List）显示各个零件，每个零件是一个单独的实体。最初将零件排列成行，以便于用户选取。抓取零件时，数据手套上的位置跟踪装置给出手指的位置方位，当手指的位置接近零件时，产生触及感，可将零件拾取并移动到装配的位置，旋转到需要的方位，然后拾取另一零件进行装配。

由 Crimson 工作站、Reality Engine 图形加速卡和多通道控制板组成，可以支持两个头盔显示器：一个是 Virtual Research 公司的 VR4 头盔显示器，头盔显示器提供高质量的三维图形。另一个是自制的，采用了两个 Tektronix 的 EX100HD 型彩色 CRT 显示器，该类显示器具有 800×600 的分辨率。

位置和方位跟踪由 Ascension 的 Flock of Birds 跟踪系统完成，系统的大范围发射器可发出脉冲磁场，通过 29 个接收器获得 6 个自由度的活动信息，系统的采样频率在 10～144 Hz 之间。电磁跟踪装置跟踪探测用户的头部运动，头盔的显示可根据用户的头部运动自动更新。

系统还配置了 CyberGlove 数据手套和 Tactools 触觉反馈系统，它使用了形状记忆合金对指端提供接触反馈。数据手套随时监视手指和手腕的动作，其信息用于创建和操纵虚拟环境中手的模型。

VADE 软件环境：VADE 的软件开发工具在不同的版本中使用了不同的工具。第一代样机使用的是 Silicon Graphics 的 Open GL 软件，第二代使用了 Silicon Graphics 的高性能 IRIS Performer。CAD 系统采用 Pro/Engineer 系统。

该系统旨在提供一个用了两模拟真实装配环境的虚拟现实环境，

使得设计人员在设计初期就考虑有关装配的可装配性问题，以尽早发现装配设计方面的缺陷。在装配时，设计人员可以从中获得许多有关产品设计和制造工艺信息。

七、基于 VIS 和 VPS 体系结构

虚拟制造系统是一个复杂的系统，对这样一个系统，要进行完整表达，使其结构更合理，功能更加完善，就不仅需要将虚拟产品开发过程中的设计、制造及装配、生产调度、质量管理等环节有机地集成起来，实现产品开发全过程的信息、功能和过程集成，实施产品开发活动的并行运作，还要充分体现人在生产活动中的能动性，达到人、组织、管理、技术的协同工作，同时也要支持生产经营活动和生产资源的分布式特性，它应能提供一个开放性强的技术框架，并能理顺其单元技术的关联机理。该体系应具有层次化的控制方法和"即插即用"的开放式结构，同时支持异地分布的制造环境下产品开发活动的动态并行运作。

日本大阪大学 Kazuki Iwata 和 Masahiko Onosato 等人所提出的 VM 体系结构最具代表性，受到了广泛关注，如图 9-8 所示。

他们对 VM 的概念进行了分析，将制造系统分为：现实物理系统（RPS）和现实信息系统（RIS）。RPS 包含有现实世界中的实体如材料、零件、产品、机床、机器人、夹具、传感器、控制器等。当一个制造系统运行时，这些实体就会有特定的物理行为和相互作用，如运动、传输、转换等，一个制造系统本身也和它所存在的环境有物理和能量的交换。RIS 包括制造活动中的信息处理和决策，如设计、工艺规划、控制、评价等。它不仅包含计算机而且包含制造系统中的人员，制造系统是由 RPS 和 RIS 组成的。RIS 中的活动与 RPS 的实体有着分明的物理界限，通过信息交换，RIS 和 RPS 相互关联。通过传感器、数据终端和其他通信渠道，RPS 向 RIS 输送信息，同时，RIS 中产生的控制命令又返回 RPS，以控制 RPS 中的设备。即 RIS 通过控制命令控制 RPS，RPS 通过状态信息将其状态报告给 RIS。

假定有一个计算机系统可以翻译来自 RIS 的控制命令，并像真实

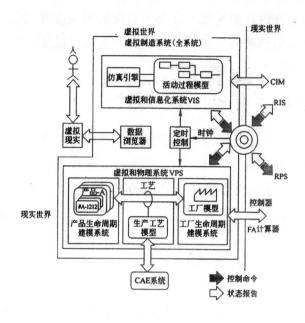

图 9-8

物理系统一样产生相应的响应信号报告给 RIS，该系统的响应完全等价于 RPS 的响应，使 RIS 中的元素分不出信息是来自计算机系统还是来自 RPS，那么这个仿真 RPS 响应的计算机系统就被称为虚拟物理系统（VPS）。同样，如果用计算机系统来仿真 RIS 的功能，使 RPS 中的设备难以分辨控制命令是来自 RIS 还是来自计算机系统，这个能够仿真 RIS 并为 RPS 产生控制命令的计算机系统就称为虚拟信息系统（VIS）。

在该体系结构中，其核心是 VIS 和 VPS。VPS 包含了工厂模型、产品模型和生产过程模型，生产过程模型用来决定工厂模型和各种产品模型之间的交互关系，可以利用合适的 CAE 系统如机器人仿真器、切削力估计程序等进行具体分析，工厂模型和产品模型不是静态的，而应当是包含各自的生命周期的动态模型。VIS 包括制造活动过程模型和仿真器，制造活动过程模型用于描述决策过程和 VIS 中的信息流。而仿真器用来翻译过程描述和执行决策过程。而且 VIS 和 VPS 可以通过通信接口进行通信。虚拟制造系统应有一个时间同步器来实现同步，VPS 和 VIS 除了上述通信连接外，虚拟制造系统还对操作者提供了一个通信接口，使操作者能够监视虚拟制造系统。

该体系结构有如下特点：

（1）与具体应用无关性：VPS 的开发与具体的 VIS 和 RIS 分离，使 VPS 能够适合各种不同的 VIS 和 RIS。

（2）结构类似性：虚拟系统的结构与真实系统的结构类似。

八、基于 Mediator 的体系结构

基于 Mediator 的体系是一个开放式的信息和知识管理系统，用于支持贯穿整个产品生命周期的各种复杂的制造活动的柔性管理。Mediator 体系支持分布式异构化的环境，在该环境中，地域上分散的各种应用子系统可以协同工作，支持多类型的操作平台、协议及用户界面。基于 Mediator 系统的目的就是提供一个能够涵盖产品设计、工程分析、生产，以及维护、循环回收各个阶段的知识支持系统。

Mediator 系统是国际智能制造系统（International Intelligent Manufacturing Systems）项目 GNOSIS 的第七个子项目——"知识系统化工程"的研究成果，GNOSIS 由 14 个国家、31 个工业或大学组织，100 多位专家学者共同参与，目的是研究可重构大批量制造策略（Post Mass Production Manufacturing Paradigm）。

GNOSIS 的第七个子项目——"知识系统化工程"的目的是整个产品生命周期中的信息与知识流的建模与管理，包括产品需求到产品设计、工程分析、生产制造、重用与循环的各个阶段。

（一）系统功能

Mediator 系统用于协调（Coordinate）整个产品生命周期内从需求到产品报废回收的生产过程，它将基于计算机系统的设计、工程分析、生产子系统集成在一个协同设计与制造框架下，支持记录、跟踪生产周期各阶段的决策和知识、决策、数据集间的依赖关系。

Mediator 的基本技术是呈开放式结构的可视化语言工具，用于表达用户易于理解的概念模型，可以适应各种不同的工程领域。Mediator 支持表达规则，处理过程、约束的语义网，其推理系统进行相关操作语义等约束验证。Mediator 的这种表达方法独立于具体应用系统，可

以依据 Legal 约束、协作过程以及设计约束进行推理。当然，该系统的主要功能是用以信息获取而不是推理。

用户接口命令和可视化语言都可以触发处理过程，处理过程包括应用程序或通用性的代理（Agent）系统，以支持各种应用系统之间，各个不同地域系统之间的动态集成。通过代理，可以实现数据转换和知识交流。

虚拟制造系统只是提供集成化环境，在该环境中的许多需要集成的应用系统在地理上分散，且各自独立开发，因而迫切需要解决的问题就是为异构系统集成提供有力且有效的合成系统，以满足下列要求：

（1）使每一子系统的功能有所增强。

（2）为用户提供原子系统之外的附加功能。

（3）给用户提供协调各种系统运行的有效机制。

这样，Mediator 系统的基本功能就是满足小型化、模块化、开放式结构、跨平台、易于升级和扩展、易于维护等要求，系统的进一步扩展有望实现对复杂的制造信息环境的管理与协调。

（二）Mediator 系统结构

Mediator 系统呈分布式客户（client）、分布式服务器（server）结构，通过运行分布在网络上的各个处理过程，多个用户可以同步或异步协同工作。Mediator 系统支持包含多种协议及多种形式的户用接口的异构环境。

图 9-9 是 Mediator 系统的基本结构，该体系中有 4 个扇面和 4 个轮圈。4 个扇面是：用户、设计应用、体系内核、通用软件包；4 个轮圈自内向外分别是：界面层、应用层、活动层、通信层。其中界面层使用文本、图形或超媒体方式；应用层提供特定服务的功能软件包；活动层支持 Agent 的活动；通信层支持 O-O 协议，并将其用于知识数据的交换。这个体系的轴心是一个支持地理上分布的用户协同工作的计算环境。

下扇面表达了支持协同的计算基础结构。其中用户接口层是由图形、文本、可视化语言、超媒体表示系统访问形式，通过接口可以访问 Mediator 所集成的各种功能系统；应用层表示了系统的各种功能软件包；过程层表示了能在系统中运行的各种处理过程，过程可以被本地或远程过程所调用；通信层表示了支持通用的知识和数据的交换格式的局域网或广域网。

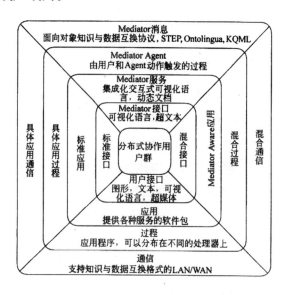

图 9-9

左扇面是指各个通用软件包，包含标准接口、标准应用、具体应用过程、具体应用的通信四个层次，这些标准应用在 Mediator 系统中发挥着很大的作用，应用系统及其数据集在 Mediator 系统中注册后，就可在系统平台上开一个应用系统窗口，然后通过 Mediator 控制应用系统的输入、输出及各种控制操作。Mediator 系统的主要与应用相关的功能是靠已有的软件包来体现的，而 Mediator 只是提供了能够包含各种工具的集成环境。

上扇面是 Mediator 核心技术，也可称为 Mediator 外壳，因为这些软件大多并不是为 Mediator 特殊应用系统而设计，而是提供一种通用的协作与集成方法。Mediator 系统的主要用户接口是可视化语言，是一种用图形符号表示的语义系统通用表示方法，超文本和超媒体也是较好的表示方法；应用层采用可视化语言表达与具体应用系统相关的语义；过程层表达由用户或其他 Agent 触发的处理过程；通信层支持知识和数据交换的面向对象协议，如 STEP、KQML 等，它还支持不符合 Mediator 通信要求，但可能为其他应用系统所采用的任意格式的消息通信。

右扇面表示了各种作为 Mediator Aware 的独立应用系统，这些应用系统同样包含了混合接口、Mediator Aware 应用系统、混合过程、混合通信方式等 4 个层次。

九、基于 Internet/STEP 的虚拟制造信息共享系统结构

在虚拟制造环境中，需要包容各种不同的应用软件，如 CAD 系统、CAE 系统、CAPP 系统、CAM 系统以及 MRP 系统等。在这个异构的计算机环境中，在产品开发的不同阶段需要采用不同的软件工具，这样，一个重要的问题就是各个应用系统之间需要相互访问和交换数据。产品模型数据交换标准（Standard for Exchange of Product Model Data，STEP）是一个产品数据交换与表达的国际性标准。STEP 的技术目标就是为异种 CAX 系统之间交换数据提供通道，它提供了在产品生命周期的各个阶段的数据表达基础，涵盖了物理描述和功能描述的各个方面，如几何形状、结构和材料特性、分析模型、制造信息等。这种产品数据的无二义性表达为设计、工程分析和制造系统之间提供了有效的系统转换机制。

在异种 CAX 系统之间的数据转换有两种类型，一是在相同应用领域的数据转换，这类转换是基于相同的应用协议（Application Protocol，AP）集的数据转换。然而，在虚拟制造环境中，在整个产品生命周期中会涉及很多不同的领域。所以，另一种类型的转换就是不同应用领域间的转换，需要在数据转换中用到多种不同的应用协议，在不同的应用协议之间的数据转换就包括下面两种形式：

（1）一种应用协议到另一种应用协议。

（2）多个应用协议共享一个包含各种应用协议数据的通用数据库。

虚拟制造环境中的各个单元在地理上可能分布在不同的位置，Internet 提供了全球化的计算机通信网络，因此，STEP 和 Internet 的结合可以为虚拟制造系统提供有效的信息数据转换机制。由于 STEP 应用

尚处于初级阶段，很多现有的 CAX 系统并不支持 STEP，为了实现数据转换，就需要开发针对不同系统的 STEP 转换器，由于各个公司的软件系统和硬件系统都存在很大的差别，所以为所有公司系统之间都开发转换器既不经济也不可能，而较好地解决此问题的方法就是开发基于 Internet 的 STEP 数据转换方法。基于上述描述，STEP 数据转换器无外乎下面两种形式：

（1）非 STEP 数据到 STEP 应用协议数据之间的转换。

（2）不同的 STEP 应用协议数据之间的映射。

很多 CAD/CAM 系统如 Pro/Engineer、I-DEAS 和 ACIS 都支持 STEP AP203，它们都属于第一类型的数据转换器，对于第二类的转换器，如 AP203 到 AP209 以及 AP203 到 AP224 有相应的研究都已展开。

因此，美国 FAMU - FSU 工程大学的研究小组提出了基于 STEP 的 Internet 数据转换的虚拟制造系统体系结构。

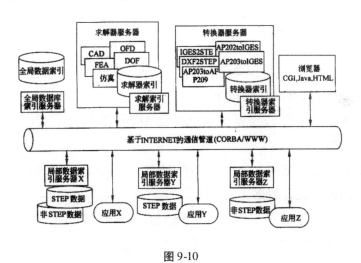

图 9-10

（一）虚拟制造信息共享系统功能

图 9-10 给出了虚拟制造系统框架，各种应用分布不同的公司，这些应用可以通过浏览器的 HTML、CGI 或 Java 等相关机制进行浏览或执行，应用描述信息可以通过全局数据索引服务器、求解索引服务器访问各公司能够提供的服务数据，并进行求解和转换。每一公司有其自己本地数据库，在授予相应权限后，其他公司可以访问该公司的本

地数据库。本地数据可以是 STEP 格式，也可以不是 STEP 格式数据。为了实现不同公司间的数据通信，可以通过数据转换器将非 STEP 数据转换成 STEP 数据。为了执行公司具体应用，必然需要各种功能函数，这些函数由服务器提供。这样，远程信息访问或远程应用的执行就可以通过 WWW 或 CORBA 实现。该框架支持基于 Web 的产品数据管理（PDM）。

例如，地域上分散的公司 X、Y 和 Z 合作进行产品开发，它们分别需要完成下面三项任务：产品设计、有限元分析、虚拟加工。假如 CAD 系统在公司 X，虚拟加工系统在公司 Z，而有限元分析和 STEP 转换服务器则分布在虚拟制造网络中的其他公司。需要通过下面的工作流程，完成产品设计、分析、加工的任务：

（1）公司 X 利用其拥有的 CAD 系统进行产品设计，并将设计存为 CAD 原始格式和 STEP AP203 格式。

（2）利用浏览器，公司 Y 搜索有限元分析服务和位于公司 X 的产品设计数据。

（3）公司 Y 请求 AP203 到 AP209 转换器将设计数据由 AP203 转换为 AP209，并存放在公司 Y。

（4）公司请求 FEA 系统（只接收 AP209 数据）完成产品设计的有限元分析。

（5）通过浏览器，公司 Z 搜索 AP203 到 IGES 的转换服务和位于公司 X 的产品设计数据。

（6）公司 Z 请求 AP203 到 IGES 转换器，将 AP203 的设计数据转换为 IGES 数据，并存放在公司 Z。

（7）公司 Z 利用它的虚拟加工系统（只接受 IGES 数据）完成虚拟加工任务。

（二）虚拟制造信息共享系统框架结构

1. 信息工作流

在数据转换过程中，有如下 3 项基本操作：

（1）通过 Internet 通信，将数据文件从客户端上载到服务器端。

（2）在服务器端将输入的数据文件转换为输出数据文件。

（3）通过 Internet，将服务器端的输出数据文件下载到客户端。

图 9-11 给出了这三项操作的信息工作流。假定将原始数据转换为目标数据有转换 1、转换 2、转换 3 三项工作，首先，某个原始数据文件从一个应用的本地路径上载到 Internet 上转换器 1 和转换器 2 的本地路径，然后，原始数据文件被转换成临时数据文件 Mid-1 和 Mid-2，这两个临时数据文件分别位于转换器 1 和转换器 2 的本地路径上，然后用同样方法，将临时文件 Mid-1 和 Mid-2 上载到转换器 3 的本地路径中，最后转换成目标数据文件，与此同时，用户可以利用浏览器（如 Netscape）将目标文件下载到应用的本地路径中。

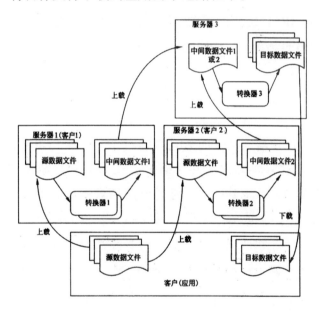

图 9-11

2. 操作控制器

操作控制器是和系统 Web 页相连的 CGI 程序集，它具有如下三个功能：操作构件索引、安排转换操作过程、管理用户账号。在系统主页，用户可以通过系统 Web 页的构件索引管理搜索 Internet 上的转换器描述信息。每一构件为了在 Internet 上发表信息，必须通过构件索引管理在操作控制器中注册。在构件索引管理中的每一转换器的描述信息包括概述信息、转换器 CGI 程序的 URL、输入/输出文件的类型、输入/输出文件的 URL。

用户可以选择一个或多个转换器，然后登录到系统中执行转换任务。与此同时，操作安排（Operation Arrangement，OA）将产生一个文件，这个文件包括将要执行的转换器的信息、转换器的 URL、与转换器相关的输入输出文件的 URL、转换操作的顺序。这个文件中的信息将被系统各个构件 CGI 程序用作它们的 Web 页信息。用户账户管理（User Account Management，UAM）用来登录系统和记录转换操作。

3. 转换器

转换器位于其本地路径中。转换器的 CGI 程序（CGI Program for Translator，CGIPT）被两次请求，第一，用户通过系统 Web 页或另一个转换器 Web 页请求。CGIPT 请求上载者（用 Java 编写）将构件 Web 页信息文件（Component Webpage Information，CWI），即位于 Internet 上的操作控制器路径传送至 Internet 上的转换器的路径。CGIPT 按照 CWI 文件的内容动态生成转换器 Web 页（Webpage for Translator，WT）。第二，用户输入文件的 URL。通过 WT 请求 CGIPT 服务。CGI-PT 首先请求上载者将输入文件（通过 URL）从客户端（应用或另一可执行的转换器）传输到服务器端，然后请求转换器程序生产输出文件。与此同时，新生成的 WT 显示转换结果，包括执行状态、输出文件的 URL、与下一转换操作的链接、与服务器端下载的输出文件的链接、与客户端（应用）的链接。

十、强调沉浸感的 Virtual Workbench 系统

Virtual Workbench 是强调沉浸感的交互式虚拟制造系统，是位于德国的欧洲机电一体化中心开发的。该系统最大的特点就是具有沉浸感的虚拟环境，提供全交互式的产品设计与虚拟模型构建方法，以及机器及生产过程的交互式图形仿真接口。特殊的立体影像投射系统及 LCD 光阀眼镜，使用户可以看到虚拟产品及生产设备立体模型，并通过 6D 数据手套和对虚拟模型进行操作，而且，通过工作台（Workbench）多个用户可以协同工作，对产品进行协同设计与几何重构，系

统还具有与商业 CAD 系统的良好接口。

（一）多模型输入/输出

Virtual Workbench 系统的输入/输出是通过硬件设备完成的。虚拟系统通过影像投射生成虚拟场景，光阀眼镜通过红外线同步控制，产生立体影像输出。通过能够 3D 搜索的鼠标、数据手套和一个 Polymus 6D 跟踪系统输入数据。

（二）建模与 CAD 数据输入

虚拟制造环境必须有与 CAD 系统的良好接口，使对机械环境的仿真更加真实精确。CAD 模型包含线框模型与体模型，在 Virtual Work-bench 系统中，需要将输入的 CAD 线框模型转换成体模型，以包含对象的表面特征。然而，CAD 模型数据一般都非常复杂，包含了对象的细节，这就使得虚拟场景计算量变得很大，因此在系统中对 CAD 模型对象进行了一定简化处理。

在标准 CAD 格式中，对象是以扁平的层次化结构组织的。但是，在虚拟环境中，对象经常需要单独访问，例如，一个机械系统可能包含许多不同的设备、部件、零件等子系统，为了保证在交互式仿真中对这些子系统正确地操作，需要有正确的几何逻辑组织方法。在 Virtual Workbench 系统中，模型几何组织采用了递阶式层次化的组织结构，以支持快速交互式仿真。

另外，在虚拟系统中，对模型对象加入适当的材质与纹理，使仿真更加真实。系统中也集成了 LOD（Level of Detail）计算方法。

（三）交互式环境的控制软件系统

软件系统分为两部分：一为交互式设计环境；二为虚拟场景的 flythrough 系统。

视点控制：首先，通过测量视点，立体投射系统可以按照视点位置更新场景。用户视点可以在场录内自由移动。

顺序控制：系统采用事件驱动方法，这样就可以使许多功能作为对象的特性分配在系统中。这样，就可以编程实现动画顺序。例如，给对象赋予重力特性后，如果将某一物体在空中释放，它就会自动在Z轴的反方向加速，直到发生碰撞，速度变为0。

运动学仿真：运动链是相互连接的机械机构的基本特性，例如，对于机器人来说，一般选用TCP坐标系，作为机器人系统的位置参考，这样连接点位置就可以通过反向动力学方法进行计算。

碰撞检测与对象管理：如果一个对象被抓起时，其颜色变成红色，并可在虚拟场景内用手移动。在操作过程中，采用边界盒的方法进行碰撞检测，判断对象是否被抓起。由于在虚拟场景中有许多对象和需要表达的细节，对象的组织采用分层递阶式结构，这样，如果碰撞发生，该分层结构中的低层对象的边界盒就被检测到。但是，检测一个对象和圆弓形表面的碰撞时，除了边界盒检测外，还需要进行基于多边形的检测。

3D菜单系统：为了对3D环境进行操作，设置了许多按钮、开关以及虚拟游戏杆（Joystick）。这样就可以通过各种按钮触发各种函数，实现对虚拟场景的控制，并记录和播放动画序列。利用虚拟游戏杆，可以实现对三维场景的浏览。

（四）多媒体集成系统

Virtual Workbench具有与多媒体信息系统的集成，为虚拟环境生成特殊的声响与影像效果。采用了text-to-speech技术的语音合成系统，可以由ASCII文本生成声音，语音识别使系统能够与人进行初步的交流。数字影像与图形动画的集成可以产生很好的系统实时仿真效果。数字影像的集成采用纹理映射方法，并采用了蓝盒（Blue box）技术对数字影像与图形动画进行混合，成为复杂系统表达的有效方法。

十一、基于PDM集成的虚拟制造系统结构

清华大学国家CIMS中心在综合目前国内外关于虚拟制造的研究成果的基础上，提出了一个虚拟制造体系结构，即基于PDM集成的虚拟开发、虚拟生产、虚拟企业的系统框架结构，归纳出虚拟制造的目

标是对产品的"可制造性""可生产性"和"是指制造系统在已有资源（广义资源，如设备、人力、原材料等）的约束可合作性"的决策支持。所谓"可制造性"是指所设计的产品（包括零件、部件和整机）的可加工性（铸造、冲压、焊接、切削等）和可装配性；而"可生产性"条件下，如何优化生产计划和调度，以满足市场或顾客的要求；考虑到制造技术的发展，虚拟制造还应对被喻为21世纪的制造模式"敏捷制造"提供支持，即为虚拟企业动态联盟的"可合作性"提供支持。而且，上述3个方面对一个制造系统来说是相互关联的，应该形成一个集成的环境。因此，应从3个层次，即"虚拟开发""虚拟生产""虚拟企业"，开展产品全过程的虚拟制造技术及其集成的虚拟制造环境的研究，包括产品全信息模型、支持各层次虚拟制造的技术并开发相应的支撑平台，以及支持3个平台及其集成的产品数据管理技术。

（一）虚拟开发平台

该平台支持产品的并行设计、工艺规划、加工、装配及维修等过程，进行可加工性分析（包括性能分析、费用估计、工时估计等）和可装配性分析。它是以全信息模型为基础的众多仿真分析软件的集成，包括力学、热力学、运动学、动力学等可制造性分析，具有以下研究环境：

（1）基于产品技术复合化的产品设计与分析，除了几何造型与特征造型等环境外，还包括运动学、动力学、热力学模型分析环境等；

（2）基于仿真的零部件制造设计与分析，包括工艺生成优化、工具设计优化、刀位轨迹优化、控制代码优化等。

（3）基于仿真的制造过程碰撞干涉检验及运动轨迹检验——虚拟加工、虚拟机器人等。

（4）材料加工成形仿真，包括产品设计，加工成形过程温度场、应力场、流动场的分析，加工工艺优化等。

（5）产品虚拟装配，根据产品设计的形状特征和精度特征，三维真实地模拟产品的装配过程，并允许用户以交互方式控制产品的三维真实模拟装配过程，以检验产品的可装配性。

（二）虚拟生产平台

该平台将支持生产环境的布局设计及设备集成、产品远程虚拟测试、制造系统生产计划及调度的优化，进行可生产性分析。

（1）虚拟生产环境布局，根据产品的工艺特征、生产场地、加工设备等信息，三维真实地模拟生产环境，并允许用户交互地修改有关布局，对生产动态过程进行模拟，统计相应评价参数，对生产环境的布局进行优化。

（2）虚拟设备集成，为不同厂家制造的生产设备实现集成提供支撑环境，对不同集成方案进行比较。

（3）虚拟计划与调度，根据产品的工艺特征和生产环境布局，模拟产品的生产过程，并允许用户以交互方式修改生产过程和进行动态调度，统计有关评价参数，以找出最满意的生产作业计划与调度方案。

（三）虚拟企业平台

被预言为21世纪制造模式的敏捷制造，利用虚拟企业的形式，以实现劳动力、资源、资本、技术、管理和信息等的最优配置，这就给企业的运行带来了一系列新的技术要求。虚拟企业平台为敏捷制造提供这种可合作性分析支持。

（1）虚拟企业协同工作环境，支持异地设计、装配、测试的环境，特别是基于广域网的三维图形的异地快速传送、过程控制、人机交互等环境。

（2）虚拟企业动态组合及运行支持环境，特别是 Internet 与 Internet 下的系统集成与任务协调环境。

（四）基于 PDM 的虚拟制造集成平台

该虚拟制造平台具有统一的框架、统一的数据模型，并具有开放的体系结构。

（1）支持虚拟制造的产品数据模型，包括虚拟制造环境下产品全局数据模型定义的规范，多种产品信息（设计信息、几何信息、加工信息、装配信息等）的一致组织方式。

（2）基于产品数据管理（PDM）的虚拟制造集成技术，提供在PDM环境下，"虚拟开发平台""虚拟生产平台""虚拟企业平台"的集成技术研究环境。

（3）基于PDM的产品开发过程集成，提供研究PDM应用接口技术及过程管理技术，实现虚拟制造环境下产品开发全生命周期的过程集成。

十二、基于5层协议的虚拟制造体系结构

上海交通大学提出了基于5层协议的VM体系结构，如图9-12所示。这5层协议分别是：界面层、控制层、应用层、活动层、数据层。

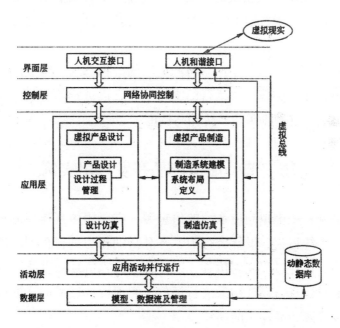

图9-12

（1）界面层：产品开发小组成员可以用文本、图形、超文本、超媒体等方式，通过统一的图形人机交互界面，向虚拟制造系统请求服务以便进行开发活动，或从系统获取信息以进行多目标决策或群组决策。人机交互界面是本层的主要组成部分，另外还有实现操作者能沉

浸虚拟环境所需的数据输入输出的人机和谐接口。

（2）控制层：基于网络，将通过界面层传送来的服务请求等工作指令，转化为一定的控制数据，以激发本地或远程应用系统的服务；该层同时对分布式的系统内多用户进程的并发控制等进行管理；该层也记录 VM 系统中现场的状态信息。

（3）应用层：由虚拟产品设计（包括 CAD、DFX、FEA 设计仿真等）、虚拟产品制造（包括制造系统建模、布局定义、制造仿真等）组成，也对产品开发过程中应用功能模块进行管理。

（4）活动层：实现应用层中的各种应用过程的逐步分解，使其由标准的活动组成，并以类似进程的思想执行这些活动。活动可以用统一的 W4H（When，What，Who，Where，How）形式描述。

（5）数据层：数据层对产品开发过程中所有的活动所需处理的静态和动态设计、制造知识和模型等进行公共管理。这些知识、模型以分布的数据库形式存放。

（6）虚拟总线：基于网络协同控制的虚拟总线是构成虚拟制造系统有机整体并确保其有效运行的支持平台，以进行控制指令、状态和公共数据的正确数据采集、传输与调度。

第二节　虚拟产品开发应用实例

产品开发是虚拟制造系统的信息源，它应用仿真建模原理，从仿真角度对系统行为、设计者行为、产品活动行为进行预测，涉及产品建模仿真、设计过程规划仿真、设计思维过程仿真和设计交互行为仿真等。通过仿真对设计结果进行评价，实现设计过程的早期反馈，避免或减少实际产品加工的反复。

从虚拟制造概念的提出到今为止，虽然只有短短的几年，但它已成为世界各国科技界、企业界研究和应用的热点之一，它对制造业的革命性影响也已初现端倪。世界上许多国家都将虚拟制造看作是 21 世纪制造业变革的核心技术之一，纷纷从不同方向开展研究和应用。

在欧洲如英国曼彻斯特大学、英国巴斯大学、德国达姆施塔特应用技术大学等都将虚拟制造作为新兴的一个重要研究方向，从不同角度开展了深入研究。

在虚拟制造技术成为国内外研究热点的同时，该项技术的应用也正在众多领域中蓬勃展开。对传统制造模式和方法的变革起到了重要的促进和影响作用。虚拟制造技术首先在航空、航天、汽车等领域得到应用，在缩短产品开发周期、降低开发成本、快速响应市场等方面呈现出明显的技术优势，产生了巨大的经济效益。其中一个典型的成功范例是美国波音公司 777 客机的设计和制造，通过应用虚拟制造技术，使得波音 777 客机的整机设计、部件测试、整机装配以及各种环境下的试飞均在计算机上完成，开发周期从过去的 8a 时间缩短到 5a，并在一架样机未生产的情况下就获得了用户的飞机订单。

欧洲空中客车公司一改过去传统的产品研制及开发方法，采用虚拟制造及仿真技术，将"空客"飞机的试制周期从 4a 缩短为 2.5a，不仅提前投放市场，而且显著降低了研制费用及生产成本，大大增强了全球竞争能力。

福特汽车公司和 Chrysler 公司与 IBM 合作，开发虚拟制造环境并应用于某新型轿车的研制，在样车投入生产之前，发现了其定位系统的多处设计缺陷，通过及时改进设计使该新车的研制开发周期缩短了 1/3，由过去所需的大约 36 个月缩短至 24 个月。

Perot System Team 利用 Deneb Robotics 公司开发的 QUEST 及 IGRIP 设计仿真平台，进行某一新增生产线的设计仿真与运行仿真，在所有设备订货之前，对该生产线的运动学、动力学、加工能力等各方面进行了分析与比较，使生产线的建成投产周期从传统的 24 个月缩短到 9 个半月。

加拿大国家科学研究院集成制造技术研究所，正在与美国通用汽车公司国防产品部合作研制轻型装甲战车，其中大量采用了基于 VR 的虚拟设计技术，在洞穴式 VR 环境中进行逼真的装甲战车设计、仿真和评价。

我国对虚拟制造技术的研究和应用尚处于起步阶段，但发展迅速，目前已成为众多科研机构、高等院校和企业关注的研究和应用热点之一。国家自然科学基金委员会、国家 863/CIMS 主题近年来不断加强对虚拟制造及其相关技术的支持力度，资助了多项虚拟制造方面的研究项目。1998 年 9 月，在机械工业部门主持下，在北京召开了国内首次"虚拟制造技术研讨会"，进一步推动了我国虚拟制造技术的研究和发展。设在清华大学的国家 CIMS 工程技术研究中心，正在建立虚拟制造研究基地，围绕虚拟制造平台、虚拟生产平台、虚拟企业平台和基于 PDM 的虚拟制造平台集成等 4 个方面开展虚拟制造技术的研究。清华大学从 2000 年开始实施的"轿车数字化工程"，采用虚拟制造技术开展轿车研发与生产的关键技术研究与攻关。上海交通大学在国家自然科学基金重点项目的支持下，开展了虚拟制造系统的体系结构及其关键技术研究。西北工业大学开展了虚拟生产线、虚拟装配、虚拟制造中的可视化产品信息共享等技术的研究。哈尔滨工业大学开展了多机器人虚拟生产平台、虚拟加工检测、虚拟坐标测量机等虚拟制造技术的研究。浙江大学、西安交通大学、华中科技大学、南京理工大学、四川大学、广州工业大学等也都在虚拟制造领域开展了多方面的研究和应用。

进入 90 年代后，随着计算机技术的迅猛发展及其在工程中应用的逐步深入，一种新兴的产品开发技术，即虚拟产品开发（Virtual Product Development，VPD）技术逐渐产生并发展起来，在设计制造中发挥越来越大的作用。VPD 技术将产品开发全过程数字化，用计算机模拟整个产品开发过程，在计算机中进行产品的设计、分析、加工等过程，因此可以减少因制作物理原型所耗费的人力、物力和时间，同时提高质量，降低成本，保证产品开发一次成功，增强企业快速适应市场变化的能力。

简单地说，虚拟产品开发是产品设计制造的全过程在计算机虚拟环境中的映射，是将产品设计、分析、测试、制造等整个产品开发过程在计算机构造的虚拟开发环境中进行数字化模拟。虚拟产品开发是以计算机仿真、建模为基础，集计算机图形学、智能技术、并行工程、虚拟现实及多媒体技术为一体，由多学科知识组成的综合系统技术。

一、VPD 的使能条件

（1）数字化的产品和过程建模。

（2）产品数据管理/产品信息管理（PDM/PIM）。

（3）客户机/服务器方式的计算和通讯。

（4）组织和过程的改革。

二、实现 VPD 的关键软硬件工具

（一）实体造型

实体造型（Solid Modeling）在 VPD 中发挥着重要的作用。三维实体使整个设计团队能够在计算机中查看并操纵复杂零部件，能更精确地交流设计意图，大大减少由于使用传统二维图在理解产品结构方面造成的时间和人力的浪费。三维系统的使用确保了设计概念的完整性，创造出更高质量的产品，并消除开发后期出现的问题。由于客户可以通过三维实体增加对产品的理解，可使用户参与设计，使产品更加针对用户而进行设计，这种方式在当今高度面向用户需求的市场中极具竞争力。三维系统的使用将设计成果提交加工部门的时间大大提前，通过使用三维模型使产品几何图形与加工部门直接交流，将理解错误的可能性降至最低，从而不再需要绘制二维详图。

（二）分析软件

分析软件包括有限元分析（FEA）等软件，对产品进行应力、变形、振动、热力学等性能的分析。这些分析通常在设计过程的前期进行，以指导设计决策，避免在设计后期发现错误而需要重新设计导致时间和金钱的浪费。

VPD 中使用的分析软件应与 CAD 系统高度集成，并易于学习和使用。非专业的分析人员也能通过简单的交互命令得到准确可靠的分析结果。

目前很多软件厂商还提供虚拟原型材料技术，即可以对虚拟产品

进行运动学和动力学模拟。这种技术使工程师能够了解产品制造出来以后，各机构会以怎样的方式工作。虚拟原型技术为在产品制造出来以前对产品进行优化改进提供了重要手段。

（三）快速原型（RP）技术

当需要看产品实物时，快速原型系统能够快速制出表示设计方案的原型。目前 RP 系统还很昂贵，但有很多厂家单独提供此项服务。一个新的发展趋势是 RP 系统的小型化和桌面化：RP 设备成为 CAD 系统的外围设备工作在办公室环境，工程师可以在需要的时候几分钟内制成物理模型。

RP 技术在 VPD 中发挥重要作用，它让设计人员可以检查、校验所设计的零件或小装配体，与实体造型工具相结合，RP 系统对产品的反复设计、评估、优化更有效率，从而使产品更合理成熟。

（四）产品数据管理/产品信息管理（PDM/PIM）

PDM/PIM 是 VPD 的关键使能工具，它使分布在不同地域的设计人员存取所有与设计相关的数据，跟踪记录何人、何时、对何图进行过何种修改等细节，以保证设计的完整性。它还根据读写权限保证数据的安全。

PDM/PIM 是应工程部门管理大量数据的需要发展起来的，起初用来管理文件信息，包括文件的物理位置及用户对其的读写权限等，后来用于 CAD 系统中复杂装配体数据的管理，如装配体和其零部件间的关系等。在 VPD 中，PDM/PIM 把所有与设计相关的人员，如市场推广、设计、供应商、制造及客户包括在同一信息圈内，保证所有这些人员获得及时准确的产品信息，可增强 VPD 的能力，降低重复工作的可能性，节约时间和金钱。

（五）VPD 应用实例

VPD 技术在国内刚刚起步，应用较少。在发达工业国家虽然也未能完全取代传统设计方法，但成功的应用实例已有很多。下面举两个例子作一介绍。

美国通用汽车公司的电力机车分部与 EDSUG 合作，采用虚拟产品开发策略开发新型电力机车。产品设计"全部使用三维实体模型，摒弃了效率低下的二维图纸。设计人员为用户提供三维数字化机车模型，根据用户具体需要进行修改，并将修改传达给工程设计部，进而传递到生产车间。工厂的开发部门分散在美国和加拿大的三个城市，三地的工程师通过高速通信线路进行实时、并行的设计。由于产品开发完全数字化，省却了传统方式需要制造物理模型的时间和物质的耗费，在计算机中进行反复设计、分析、干涉检查、模具设计等过程，使设计绘图工作比以往减少了 50%，奇迹般地在三年内从无到有设计制造出先进的电力机车。

加拿大国际大客车工业公司在设计新型豪华长途客车"复兴"号时，首次采用 VPD 技术。为了生产出零件更少、更易于装配而已拥有更优良胜能的客车，工厂决定进行全新设计。设计同样采用了 EDS-UG 软件，设计人员用该软件系统进行实体造型，检查装配体的配合干涉情况，分析模拟运动部件的工作情况等。所有图纸由 UG 的 PDM 软件 IMAN 进行管理、结合 UG 模型技术，IMAN 准确无误地记录每张图纸的更新状况及零部件间的装配关系，保证每张图纸在任一时刻只能由一人有修改权限及提供多人同时对一张图纸的只读权限等。由于采用 VPD 技术，使"复兴"客车零件比以往减少 60%，供应商从原来的 53 个减少到 48 个，装配台减少 69%，装配时间减少 48%，整车从概念设计到生产样车只用了 39 个月。

另外，在电子、家用产品、轿车、农机、航海和航空航天等许多方面都有 VPD 技术成功应用的范例。

面对目前激烈的市场竞争，各企业都在努力寻找能有效快速适应市场、抓住机遇的设计制造手段。VPD 是理想的解决方案之一，相信通过对发达国家的一些成功经验的研究与学习，我国的制造业会越来越多地应用 VPD 技术，增强自身竞争力，使自己在国际化市场中处于不败之地。

中国南车集团株洲车辆厂建立了集计算机辅助产品设计（CAD）、

计算机辅助分析（CAE）、计算机辅助工艺规程设计（CAPP）、计算机辅助制造（CAM）、产品数据管理（PDM）为一体的产品研发平台。

目前利用 I-DEAS 软件进行产品三维设计，利用 ANSYS 软件和 I-DEAS 的分析功能进行仿真分析，利用开目 CAPP 软件进行工艺设计，利用 Teamcenter 软件进行产品数据管理。

株洲车辆厂出口澳大利亚 FMG 轴重 40t 矿石敞车，用户的性能、质量要求高，进度要求紧。在该产品的研发过程中，就充分体现了电子样机的优越性。该车完成了整车电子样机的建模图，车体结构及关键零部件的静、动强度分析和优化图，车体结构疲劳强度分析及整车动力学性能分析等工作，严格按进度要求完成了样车的试制，并顺利通过了各项型式试验，得到了澳大利亚用户的高度评价和认可，为工厂对澳大利亚市场的开拓作出了贡献。

产品电子样机设计系统的效用大大缩短产品的开发周期。实施并行工程可以提高产品开发队伍的运作效率，改进产品开发过程，降低铁路货车产品设计、工装设计、工艺方案的返工次数，缩短产品开发周期，减少产品试制次数和试制费用。从铁路货车产品试验方面来看，实施并行工程后，可以减少静强度试验、动力学性能试验一到两次，每年可节省试制费用 500 万元。

提高产品质量水平，增加出口量。由于采用了先进的产品性能分析软件，可以大大提高我国铁路货车产品质量，使其整体水平达到 90 年代国际先进水平，从而加速我国铁路货车产品与世界先进水平铁路货车产品抗衡的进程，增加该厂在国际招标竞争中获胜的可能性。按每年向国际市场多售 250 辆铁路货车进行计算，可增加营业额 1.25 亿元，多获利润 1250 万元。

三、石油机械领域的应用分析

（一）新旧体系的过渡

我国的石油产业处于刚刚发展阶段，石油机械领域大都还停留在刚刚起步时候的状态，通常是采用传统的生产工艺，对石油进行加工成品，为人类所用。在这个过程中，不仅要经历许多烦琐的步骤，花费大量的人力物力，而且生产机械的造价比很高，超出了一定的承受范围，加上生产的产品质量很低，无法达到相关的标准。虚拟产品开发技术则是能够做到让石油生产的过程缩短，减少了人员的消耗，通过计算机辅助系统进行数字化过程操作，并且让产品的效果得以显示，容易发现其中存在的不足点，能够及时地通过计算机操作进行修改、完善。由于生产工艺从繁到简的过渡，导致操作人员无法适应虚拟产品开发技术的应用，在操作过程中出现一些技术性的问题，知识层次仅是在传统工艺操作界面，有待于进一步地提升相关能力，才能够做好石油生产。

（二）技术上存在的不足

虚拟产品开发技术融合了人类的脑力思想，利用虚拟技术实现了对石油生产多方面的评估、预算，在虚拟环境下实现石油生产的全过程，加快生产进程。虚拟产品开发技术具有灵活性，能够根据区域的不同进行改善，满足石油机械应该具备的开发特点。再者，虚拟技术可实现多功能化的生产，降低了生产成本。石油机械在石油生产过程中会对生态环境产生破坏，给人类生活带来影响。虚拟产品开发技术注重了环保的特点，利用现代科技减轻了对环境污染。但是在这个过程中，虚拟技术还未成熟，在进行虚拟的控制时候，与实际情况存在着细微的偏差，则会导致在施工过程中出现不合理的现象发生。虚拟产品技术虽然可以进行一些问题的分析、修改，却无法做到与现实毫无落差，技术水平离发达国家还存在差距。

（三）虚拟产品开发复杂化

虚拟产品开发技术的主要侧重点在于实现计算机操作系统（网络化）和虚拟配制的问题。在这两点中，又分别涵盖了大量的技术研究。首先，要想实现网络化系统操作流程，就得在石油生产的每个环节进行网络布局，了解每个操作过程中的核心点，构建系统网络的任务十分艰巨；再者，在虚拟技术的配置上，必须把握产品技术和制造的特点及其性能比，设计多层的生产结构，进行开采、加工、审核三方面的多角度虚拟技术配置。复杂的虚拟流程，使得虚拟工程的难度极高。

（四）虚拟产品开发技术在石油机械领域的运用

必须要注重石油机械的生产特点，才能创造有价值的产物。首先，在传统的石油机械生产过程中，需要实现勘察石油场地，利用机械进行开采，加工成品，然后对成品进行质量检查，才投入市场使用。在这个过程中，每个环节都是紧密相连的。因此，在利用虚拟产品开发技术的时候，就得加大对这些环节结构链接，将传统石油机械的工作原理加入到虚拟技术当中，在保证工作效率的同时，加强在产品检测上的研究，严格程序，重视质量的保障。对于一些技术上无法解决的问题，参考发达国家的标准，进行技术分析，创造出新的可行性技术。

在虚拟产品技术的运用中，可以在模拟过程中及时地发现问题，便于分析解决。在每一次发现问题的时候，对相关问题进行整理记录，分析其可行性特点，总结出解决方案，不会因为出现问题而导致实质工程返工现象发生。虚拟技术的应用过程中，必须加强对可行性的探究，需要足够的调查，在虚拟的运行中对石油生产的一些复杂问题进行技术可行性预测，综合各方面的知识理念。在保证可行性的同时，加强降低石油生产的成本研究，争取生产出质量高、价格低的成品。在这项复杂的技术研究中，不可忽视各个生产环节的过渡点，从生产制造到成品检验过程中，每个环节都需要安排专业人员进行专项负责，认真落实相关知识，减少失误，在发现问题的时候及时提出，增强虚拟技术的可行性。在进行虚拟技术配置过程中，严格对照相关的标准进行层次划分，将物理学中的相关概念融入到虚拟技术配置当中，增强其性能及可靠性，使虚拟技术在石油机械方面的应用更加适应现代化需求。

在虚拟产品开发技术的应用中，有关人员对于这项技术的了解还不太全面，这就需要加强专业人员技术上的培训，使得专业人员对虚拟技术了解深入，在虚拟技术的操作过程中，能够及时发现技术上出现的不足，及时给予纠正，保证石油生产的质量。再者，成立专门的研究小组，探讨虚拟产品开发技术在石油机械领域上的使用功能，提出可行性的改善措施，保证虚拟技术的应用误差小、质量高。同时，相关部门加大对虚拟技术的改造，结合石油生产的各方面因素，发挥其独特的建造特点，利用现代化的生产优势，为石油的生产制造出更加便捷的工具。同时，还需要注重一些细节上的改造，尽最大努力避免失误。

虚拟产品开发技术在石油机械领域的应用，使得石油机械产品跨越了最初的工艺，与国际上的技术产品相接轨。对于石油产业来说，虚拟产品开发技术使得整个环节具有整体性，实现了自动化的生产，加快了生产的时间，解决了在生产过程中由于地域、运输等问题造成的工程停滞等问题。与此同时，在质量上也提升了一个台阶，并且降低了生产成本及人力资源的浪费。但是，由于这项技术刚刚被利用，还存在着许多的问题需要去解决，将这项技术逐渐完善，跟上时代发展的步伐，为我国石油生产带来更大的贡献，加快我国经济发展的进程。

结　语

虚拟制造基本不会消耗真实物质资源，所进行的过程是完全虚拟的过程，所生产的产品也是虚拟的。

从虚拟制造的发展过程不难看出，从它的概念提出开始，其本身就是研究与应用相结合的产物。虚拟现实技术绝对是 21 世纪发展的重要技术之一，它将会不断发展并走向成熟，在各行各业中得到更为广泛的应用，发挥神奇的作用，21 世纪将成为虚拟现实技术的时代。

当然，就目前而言，虚拟制造还是一门年轻的科学技术，尚存在许多有待解决的问题。归根结底，虚拟现实技术开辟了极富发展潜力的新领域，随着时间的推移将日臻完善，所发挥的作用也将会越来越大。

当前，虚拟制造技术已经在军事、教育、医学、制造业、娱乐、工程训练等多个方面得到应用。虚拟现实技术在各大领域的有效运用，使得它被认为是当前及将来影响人们生活的重要技术之一。

单说机械工程设计领域，在产品真正制出之前，先行在虚拟制造环境中生成产品原型进行试验，对其性能和可制造性进行预测和评价，进而缩短产品的设计与制造周期，极大降低产品的开发成本。在不消耗实际资源的前提下，依靠现代技术在计算机中以虚拟的形式实现信息集成，更加实际地反映出新开发产品的相关情况。

虚拟制造技术是信息集成化制造的重要技术之一。实现虚拟制造同样需要强有力的技术支撑，虚拟制造技术的应用应结合制造业自身的特点，在吸收成熟经验的基础上大胆创新。坚信，随着我国对虚拟制造技术研究的深入，虚拟制造广泛应用已不远，其发展终将成为一个现代化信息化制造企业的必由之路。

多年来的实践证明，将信息技术应用到对传统制造业的改造中，其对现代制造业的长足发展有着划时代的意义。自 70 年代后，CAD 技术是众多计算机应用技术中推广应用最为深入和广泛的应用领域之一，尤其制造业中最为突出。80 年代初，以信息集成为核心的计算机集成制造系统理念开始出现并得到实施发展；80 年代末，以信息集成为核心的工程技术进一步提高了制造水平；进入 90 年代，制造技术向更高水平发展，出现了虚拟制造、精益生产、敏捷制造、虚拟企业等新概念。

尽管各种新的制造概念的侧重点有所不同，其结果都无一例外地强调了对现代信息技术充分利用的成果。但当人们利用信息技术工具解决制造系统的问题时，必然会遇到制造系统和信息系统之间的"语义鸿沟"（Semantic Gap）。如何解决用信息工具描述制造系统、处理制造活动，如何在信息世界完整地再现真实的制造系统等问题成为重中之重。只有充分解决了这些问题，才能真正地实现虚拟制造对企业、科技和社会经济发展的推进。

虚拟制造作为制造系统与沟通信息系统的桥梁，它能够提供给我们更多有效的制造系统及制造活动信息化的方法，把制造系统的生产产品及其生产制造过程数字化，以便计算机系统处理。

所以在这些诸多新概念中，"虚拟制造"不仅在科技界，甚至于在企业界，都引起了人们的广泛关注，已经成为研究拓展和应用的热点之一。

参考文献

［1］ 鲍劲松. 虚拟环境下三维矢量场多通道感知技术研究［D］.
上海：上海交通大学，2002.

［2］ 鲍劲松，金烨，蒋祖华，等. 虚拟环境下基于舒适性的客车
内饰设计［J］. 计算机集成制造系统，2001（7）.

［3］ 陈定方，罗亚波. 虚拟设计［M］. 北京：机械工业出版
社，2002.

［4］ 杜宝江. 先进制造技术与应用前沿：虚拟制造［M］. 上海：
上海科学技术出版社，2012.

［5］ 范秀敏，任培恩，卫东，等. 基于标准作业时间和仿真的装
配线规划［J］. 工业工程与管理，2001（6）.

［6］ 范文慧，张林鹿，肖田元，等. 虚拟产品开发技术［M］.
北京：中国电力出版社，2008.

［7］ 龚建华，林珲. 虚拟地理环境［M］. 北京：高等教育出版
社，2001.

［8］ 胡小强. 虚拟现实技术基础与应用［M］. 北京：北京邮电
大学出版社，2009.

［9］ 黄海. 虚拟现实技术［M］. 北京：北京邮电大学出版
社，2014.

［10］ 洪炳镕，蔡则芬，唐好选，等. 虚拟现实及其应用［M］.
北京：国防工业出版社，2005.

［11］ 蔺吉顺. 基于 Pro/Engineer Wildfire 的直齿圆锥齿轮虚拟设
计与制造［M］. 赤峰：内蒙古科学技术出版社，2014.

［12］ 李晓梅，黄朝晖，蔡勋，等. 并行与分布式可视化技术及应
用［M］. 北京：国防工业出版社，2001.

［13］李佳蓓. 虚拟制造系统动作再现技术研究［D］. 上海理工大学，2010.

［14］李玉家. 基于集成化事务模型的产品数据及开发过程管理的研究［D］. 上海：上海交通大学，2001.

［15］李长山，刘晓明，朱丽萍，等. 虚拟现实技术及其应用［M］. 北京：石油工业出版社，2006.

［16］马登武，叶文，于凤全，等. 虚拟现实技术及其在飞行仿真中的应用［M］. 北京：国防工业出版社，2005.

［17］马雪峰. 数控编程与加工技术［M］. 北京：高等教育出版社，2009.

［18］皮兴忠. 装配线平衡和仿真技术的研究与应用［D］. 上海交通大学，2002.

［19］秦文虎，狄岚，姚晓峰，等. 虚拟现实基础及可视化设计［M］. 北京：化学工业出版社，2009.

［20］孙小明. 生产系统建模与仿真［M］. 上海：上海交通大学出版社，2006.

［21］申蔚，曾文琪. 虚拟现实技术［M］. 北京：清华大学出版社，2009.

［22］（美）Grigore C. Burdea，（法）Philippe Coiffet 虚拟现实技术（第二版）［M］. 魏迎梅，栾悉道，等译. 北京：电子工业出版社，2005.

［21］汪成为等. 灵境（虚拟现实）技术的理论、实现及应用［M］. 北京：清华大学出版社，1996.

［22］王玉洁，李晓华，段延娥. 虚拟现实技术在农业中的应用［M］. 北京：中国农业出版社，2007.

［23］肖田元. 虚拟制造［M］. 北京：清华大学出版社，2004.

［25］严隽琪，范秀敏，马登哲，等. 虚拟制造的理论、技术基础与实践［M］. 上海：上海交通大学出版社，2003.

［25］晏文靖，王海艳，王汝传. 基于 VRML 的网络虚拟制造技术的研究［J］. 南京邮电大学学报（自然科学版），2004，

24 (3).

[26] 张树生，杨茂奎，朱名铨，等，虚拟制造技术［M］. 西北工业大学出版社，2006.

[27] 朱名铨. 拟制造系统与实现［M］. 西安：西北工业大学出版社，2001.

[28] 朱文华. 虚拟现实技术与应用［M］. 北京：知识产权出版社；上海：科学普及出版社，2007.

[29] 朱彭生. 虚拟环境下规划装配车间的建模和仿真［D］. 上海：上海交通大学，2002.

[30] 周祖德，陈幼平. 虚拟现实与虚拟制造［M］. 武汉：湖北科学技术出版社，2005.